NEXT

Le meraviglie delle tecnologie emergenti

INTRODUZIONE

Questo libro sulle tecnologie emergenti nasce dalla raccolta dei miei scritti compresa tra l'autunno del 2022 e tutto l'anno 2023. Li ho assemblati in questa antologia sotto il nome di Next, proprio perché parliamo di tecnologie e fenomeni che, se di successo, esplicheranno il loro potenziale nell'arco del prossimo decennio.

Come forse sapete, l'ottica del futurista è tipicamente oltre i 10 anni; quindi, queste narrazioni non ricadono nel novero degli scenari di lungo periodo. Ma questo non toglie nulla alla loro bellezza, ed alla curiosità che lecitamente possono generare, perché probabilmente avranno un impatto significativo sul nostro modo di vivere a breve – medio termine.

Molte di loro partono dalle evidenze di scoperte scientifiche, sperimentazioni, ed in alcuni casi applicazioni, che vediamo già all'opera oggi. Ho provato ad essere ragionevolmente critico su tutte: niente enfasi speciale su quelle che mi piacciono di più, niente tentativi di vendervi gli hype del momento. Anzi, pur essendo stato il 2023 l'anno dell'intelligenza artificiale generativa, non ho dedicato alcuna storia specifica a questo argomento. Certamente compare e fa da complemento o abilitatore di altre tecnologie, ma ho sempre avuto la passione di raccontare le cose più di "nicchia".

Ecco allora che in questo libro leggerete di crionica, interfacce cervello – computer, futuro del volo ed ali morforescenti, agricoltura di precisione, cibo stampato in 3D, tecnologie per rallentare ed invertire l'invecchiamento, trasmissione di dati attraverso la luce, veicoli autonomi, inseminazione delle nuvole per produrre la pioggia, abbigliamento smart, grandi novità nell'interpretazione del funzionamento del cervello e davvero molto altro ancora. Come sempre ho cercato di arricchire la narrazione con tantissimi esempi di persone, startup, applicazioni, progetti e ricerche che stanno già iniziando a realizzare le visioni del futuro.

Perché questo testo non vuole essere una mera speculazione filosofica, ma il racconto di come le cose stanno già accadendo e, come spesso mi sentirete dire, il futuro è praticamente già qui.

E così, caro lettore, sei pronto a partire in questo viaggio tra le pagine di "Next", un'antologia che ha cercato di gettare uno sguardo attento sulle tecnologie emergenti, sulle scoperte scientifiche e sulle visioni che plasmeranno il nostro prossimo decennio.

Nel chiudere questa breve introduzione, ti invito a mantenere viva la fiamma della curiosità e la capacità di stupirti di fronte al futuro. Le tecnologie di cui abbiamo parlato sono solo l'inizio, il prologo di una storia che si sta scrivendo ora. La rapidità con cui il mondo cambia e si evolve è sorprendente, e il futuro si svela in modi che forse nemmeno possiamo immaginare.

Continua a seguire con occhi aperti gli sviluppi, sii curioso, sperimenta e impara. La bellezza del futuro risiede nella sua imprevedibilità e nella capacità umana di adattarsi, innovare e trasformare. Mantieni viva la tua sete di conoscenza, perché il mondo ha ancora molte meraviglie da rivelare.

Che tu sia un appassionato di tecnologia o semplicemente un curioso osservatore, ricorda che il futuro è un terreno fertile per le menti aperte e creative. Le storie che leggi qui sono solo un assaggio di ciò che potrebbe accadere, e forse sarai tu a contribuire a scrivere il prossimo capitolo di questa straordinaria avventura umana.

Così, ti invito a camminare con fiducia verso il domani, consapevole che ogni passo che fai è un piccolo contributo alla costruzione del futuro. Che il tuo spirito rimanga sempre aperto alle sorprese e alla meraviglia, perché, come abbiamo visto insieme, il futuro è già qui, pronto ad essere esplorato e plasmato da chi ha il coraggio di immaginare e innovare.

CRIONICA VS BRAIN DOWNLOAD

GLI ALBORI

L'idea di congelare gli esseri umani appena morti, nella speranza di farli rivivere dopo l'arrivo in futuro di progressi medici in grado di curare le condizioni che li avevano uccisi, risale agli anni Sessanta. Un'idea che venne messa in pratica anche abbastanza rapidamente.

Il 12 gennaio 1967, James Bedford, professore emerito di psicologia all'Università della California, divenne la prima persona a essere "criopreservata". Un piccolo team di medici e altri appassionati lo congelarono poche ore dopo la sua morte per un cancro al fegato che si era diffuso ai polmoni. Ecco perché ancora oggi, potreste sentire qualcuno definire il 12 gennaio il "Bedford day".

Qualche giorno dopo, il team mise il corpo in un contenitore isolato e riempito di ghiaccio secco, per immergerlo, più tardi, nell'azoto liquido in un grande contenitore dedicato. Quindici anni dopo, in seguito a una serie di spostamenti da una struttura di crioconservazione all'altra, il corpo ha trovato una casa presso la Alcor Life Extension Foundation di Scottsdale, in Arizona, dove risiede tuttora.

Le storie su Bedford non sono finite, ma prima di tornare a lui, merita fare un piccolo approfondimento tecnologico sulla conservazione, che è la prima fase di un processo che molti ritengono, a torto o a ragione non sta a me giudicare, solo una pseudoscienza.

LA CRIO-PRESERVAZIONE

Le capacità conservative del freddo sono note all'umanità da tempo immemore. Pensate che persino le antiche civiltà della Mesopotamia avevano costruito dei locali che riempivano di ghiaccio per conservare il cibo. La criopreservazione di organi, tessuti e parti del corpo ha radici decisamente più recenti e scopi nobili, che prescindono completamente dall'oggetto della nostra storia, ma ne sono alla fonte. Il più significativo riguarda probabilmente i trapianti.

La mancanza di disponibilità di organi costituisce una sfida di vitale importanza per la società, e secondo l'Organizzazione Mondiale della Sanità, nel 2010 è stato soddisfatto solo il 10% del fabbisogno mondiale di trapianti di organi. La mancanza di organi trapiantabili deriva in parte dalla carenza di organi donati idonei, ma soprattutto dalla mancanza di capacità di conservazione. Dal momento che può intercorrere un tempo piuttosto lungo tra quando l'organo viene messo a disposizione e quando il potenziale ricevente viene identificato, senza contare il trasporto dell'organo e l'organizzazione dell'operazione in sé, molti organi vanno persi.

È una triste verità e quando dico molti, credetemi stiamo parlando di oltre il 60% dei cuori, il 20% dei reni negli USA, il 50% dei pancreas in Inghilterra e così via... le statistiche sono terribili. Questo grande spreco potrebbe essere in gran parte evitato aumentando il tempo a disposizione attraverso l'avanzamento dei metodi di conservazione, in particolare la crioconservazione, che attualmente è l'unica vera soluzione a lungo termine.

Ma il beneficio non si limita ai soli trapianti. La scelta di congelare campioni di cellule ed organi ha anche utilità nel campo della ricerca e quello della conservazione di tracce dell'umanità per il futuro. L'induzione di un moderato stato di ipotermia può essere utile anche per guadagnare tempo nella cura di talune malattie o stati: come, per esempio, a seguito di un attacco cardiaco. E studi di frontiera stanno ragionando sulla criopreservazione per consentire ad esseri umani di condurre viaggi stellari estremamente lunghi e poter risvegliare gli astronauti a destinazione. Ma qui ovviamente non verrebbero trattati corpi deceduti, ma vivi, il che rappresenta ulteriori sfide scientificamente non banali.

Non è quindi difficile capire perché qualcuno abbia fatto due più due, ed esteso il concetto di conservazione anche ad interi corpi umani o ad organi particolarmente complessi come il cervello. Non pensate però che basti mettere un corpo o un tessuto sotto ghiaccio: il repentino cambio di temperatura ed il contatto col ghiaccio manderebbero in tilt le cellule, il loro contenuto ed il DNA rendendo inutile, almeno in ottica futura, qualsiasi conservazione.

La crioconservazione è l'uso di soluzioni e proteine anticongelanti o crioprotettori. Il raffreddamento avviene a temperature molto basse per la conservazione a lungo termine di corpi umani, animali, organi o tessuti, in genere a temperature di azoto liquido (-196°C). Va chiarito che la crioconservazione non è il congelamento.

A queste basse temperature, qualsiasi attività biologica, comprese le reazioni biochimiche che porterebbero alla morte delle cellule, viene effettivamente interrotta. Tuttavia, quando non si utilizzano soluzioni crioprotettrici, le cellule conservate vengono spesso danneggiate quando si avvicinano alle basse temperature del processo di congelamento o quando vengono riscaldate a temperatura ambiente. Per essere biologicamente utili, i crioprotettori devono penetrare facilmente nelle cellule e non essere tossici per le stesse. Insomma, la base scientifica esiste.

Chissà cosa ne penserebbe il povero Bedford allora, se sapesse cosa è accaduto a lui. Bedford mancò prima che tutti i preparativi per la sua crioconservazione fossero completati. Quindi, invece di drenare il sangue e sostituirlo con una soluzione antigelo personalizzata per proteggere i tessuti del corpo dai danni del congelamento, il team decise semplicemente di iniettare l'antigelo nelle arterie di Bedford senza rimuovere il sangue. Un esame visuale sul corpo del nostro pioniere, condotto nel 1991, sembra testimoniare che Bedford si sia conservato molto bene, ma gli esperti comunque temono che non potrà mai essere risvegliato con successo.

LA DIMENSIONE DEL FENOMENO

E qui veniamo forse ai temi più importanti della storia. Perché qualcuno si vuole far criopreservare? E sarà possibile effettuare un "risveglio"?

Se finora avete un po' sorriso pensando a quanto è bizzarro il mondo, la verità è che coloro che hanno già sostenuto il trattamento e coloro che hanno firmato per riceverlo appena morti sono già migliaia di persone. Sarà forse ancor più strano, allora, sapere che coloro che hanno già criopreservato i loro adorati "pet", cani, gatti ed altri animali da compagnia sono addirittura decine di migliaia!

Se anche la scienza non sembra in alcun modo incoraggiare la pratica ed il suo fondamento scientifico è per ora piuttosto labile, per usare un eufemismo, sicuramente chi la propone lo fa piuttosto bene e sembra avere un certo successo. Alcune fonti in rete sostengono che la già citata Alcor, da sola abbia circa già 200 pazienti, se così li si può definire, ed una lista di candidati che supera il migliaio di unità, tra i quali l'eccentrica Paris Hilton ed altri volti noti che hanno fatto "coming out".

Nonostante la società non dia ovviamente nessuna garanzia futura, il servizio di conservazione non è fornito a costi banali. I quali ovviamente dipendono da cosa si vuol far criopreservare (un corpo intero o solo il cervello) e dalla durata. Parliamo di decine di migliaia se non centinaia di migliaia di dollari. E per chi non ha eventualmente i soldi, la soluzione è presto detta: basta rendere la Alcor o altra società di conservazione, beneficiarie di una polizza sulla vita ed in caso di decesso, le risorse per pagare la criopreservazione saranno immediatamente disponibili.

Peccato che amici, parenti ed eredi non siano necessariamente d'accordo di scoprire, specialmente in sede testamentaria, che le risorse dell'amato parente vadano a tale scopo invece che nelle loro tasche. Ed ecco allora, un proliferare di cause varie, che denotano già una certa attenzione verso l'argomento. Le famiglie delle persone designate per il congelamento, compresa la famiglia di Bedford, sono andate in tribunale per protestare o difendere la decisione dei loro cari di sottoporsi al congelamento.

Nel 2011, un giudice del Colorado ha confermato un contratto che tale Mary Robbins aveva firmato con Alcor nonostante le obiezioni dei figli della Robbins. Nel 2016 l'Alta Corte d'Inghilterra ha confermato il diritto di una madre di chiedere il trattamento crionico della figlia quattordicenne malata terminale dopo la sua morte, nonostante la volontà del padre. La reazione dell'opinione pubblica alla tecnologia ha raggiunto il suo apice nel New England nel 2002, quando i documenti del tribunale hanno rivelato che Ted Williams, icona del baseball dei Boston Red Sox, era stato congelato nella struttura Alcor, con la testa separata dal corpo. Il figlio di Williams, John Henry, che aveva organizzato il processo, ironia della sorte, fu a sua volta congelato dopo essere morto di leucemia.

Anche la politica ha influito sul progresso della tecnologia. Nel 2004, ad esempio, il governo statale del Michigan ha votato per l'autorizzazione di una struttura chiamata Cryonics Institute, situata a Clinton, come cimitero. Questa mossa, ribaltata otto anni dopo, ha impedito all'istituto di preparare i corpi per la crioconservazione da solo, perché l'applicazione di tali procedure a un corpo morto richiede i servizi di un impresario funebre autorizzato. Insomma, un controllore.

Comunque, al di là dei desideri di singoli e famiglie e dei tentativi di controllo più o meno riusciti dello Stato, il fenomeno avanza, anche se sembra che sia davvero operativo in soli due stati del mondo: gli USA e la Russia. Per chi ha i soldi pare si vada negli USA, per chi ne ha di meno pare si vada in Russia, dove i costi delle tecnologie di criopreservazione sembrano essere molto più bassi.

REVIVE

Ma se finora abbiamo capito che tecnicamente preservare un corpo a temperature vicine ai meno 200 gradi è fattibile, è possibile resuscitarlo o rivitalizzarlo? E più che altro avrebbe senso?

Prima di tutto va chiarito che nel 1988 la comunità scientifica ha ufficialmente cambiato la definizione di morte. Mentre prima si parlava di morte in presenza di arresto cardio-circolatorio, oggi è comunemente accettato che la morte avviene quando cessa di funzionare il cervello. Un assist non da poco per i credenti nella criopreservazione.

Una premessa centrale della crionica è che la memoria a lungo termine, l'identità immagazzinata in strutture cellulari durevoli e i modelli all'interno del cervello non richiedono un'attività cerebrale continua per sopravvivere. Questa premessa è generalmente accettata in medicina; è noto che, in determinate condizioni, il cervello può smettere di funzionare e può successivamente riprendersi, con il mantenimento della memoria a lungo termine. Ulteriori premesse scientifiche sono poi corse in aiuto alla crionica: primo, le strutture cerebrali che codificano la personalità e la memoria a lungo termine persistono per un certo periodo di tempo dopo la morte clinica; secondo, queste strutture sono preservate dalla crioconservazione e, terzo, sono teoricamente possibili tecnologie future che potrebbero riportare le memorie codificate all'espressione funzionale in una persona guarita.

Insomma, non sappiamo ancora come potremmo riportare in vita un corpo crionizzato, ma se la tecnologia futura ne fosse capace, c'è una possibilità che il cervello abbia conservato l'identità dell'individuo.

Lo ritenete affascinante o terribile? Io da futurista lo ritengo parzialmente inutile. Anzi di più. Provate a riflettere con me su come reagirebbero i vari portatori di interessi di una possibile rivitalizzazione di una persona. E poi capiremo che ci sono altre soluzioni.

Se io morissi oggi e mi risvegliassi dopo essere stato criopreservato per decenni, sarebbe uno shock terrificante. Completamente fuori dal tempo, dotato di esperienze che risalgono a questa epoca e che mi renderebbero quasi incapace di vivere nel futuro. Sarei ansioso di uscire a vedere il nuovo mondo o anche solo terrorizzato dall'immagine del mio viso nello specchio? In prima battuta forse vi parrebbe di esservi fatti solo un sonnellino... ma se qualcuno poi vi dicesse che siamo nel 2080?

Io avrei paura ad uscire, cercare i miei figli ed i miei conoscenti, sempre che fossero ancora vivi. Come sarebbe triste scoprire che la rete di relazioni che ha caratterizzato la mia vita oggi, non esiste più. Probabilmente non conoscerei più nessuno di vivo e giusto pochi avrebbero di me forse poco più che un ricordo di seconda mano. A che pro quindi? E pensate che shock per gli altri vedermi, per di più conservato da cinquantenne, mentre gli altri si sono fatti quantomeno vecchi. Sarei più giovane dei miei figli. Non vedo alcuna utilità in tutto questo.

Se poi penso allo stato rapace, come minimo appena rinato mi presenterebbe una cartella esattoriale per il consumo di energia negli anni. Se avessi lasciata impagata una multa chissà gli interessi cumulati a quanto ammonterebbero. Senza contare che non esisterebbe nemmeno uno status da assegnarmi. Nato il 21 Aprile 1974, morto il 15 Ottobre 2024, rinato l'11 Luglio del 2080, codice fiscale? Quello vecchio o quello nuovo? Mi sembra tutto una complicazione piuttosto inutile.

BRAIN DOWNLOAD

Ma se tutto questo è solo una mia opinione, la verità su questo tema è che la direzione che ci raccontano la scienza, la tecnologia, i megatrends... e forse anche la logica, aggiungo io, è già diversa.

La possibilità di trasferire i contenuti di un cervello altrove, passa dall'idea di download in un computer. La conservazione fisica del cervello non serve. E probabilmente non servirà nemmeno attendere il decesso della persona. Potrà scaricare esperienze e personalità anche in vita. Più volte. Alla stessa stregua, trasportare il corpo nel futuro servirà ancora meno. A meno che non abbiate le bellissime sembianze di una Marilyn Monroe o di un avvenente Brad Pitt, o di qualche divo a vostra scelta, il corpo è solo un orpello. Come diceva la magnifica Rita Levi Montalcini: "io sono la mente, il corpo faccia quello che vuole". A dare forma al corpo eventualmente ci penseranno gli ologrammi, le immagini ricostruite a video o addirittura dei robot antropomorfi, se proprio vorrete optare per una soluzione che soddisfa anche l'occhio.

E una volta scaricati i dati del vostro cervello non serviranno nemmeno i vostri neuroni per farlo funzionare. Se darete in pasto all'intelligenza artificiale un dataset sufficientemente rappresentativo di voi, ci penserà un algoritmo a farvi parlare ed interagire col prossimo come se foste perfettamente vivi. Mi spingo ancora un pochino più in là, se il cervello e l'algoritmo lavorassero insieme potreste persino avere coscienza di voi stessi, ma questa è una mia fantasia tutta da provare.

Scaricare il contenuto del cervello in una macchina è l'obiettivo della famosa Neuralink, società del magnate americano Elon Musk. Ma ci stanno lavorando in molti. Dieci anni fa, la cosa più vicina alla costruzione di un modello funzionale del cervello umano, un passo cruciale nel percorso verso il download della coscienza, erano una serie di simulazioni corticali. Queste simulazioni, che hanno utilizzato le migliori tecnologie informatiche, come il supercomputer Blue Gene dell'IBM, sono riuscite a emulare la potenza di elaborazione di un cervello con 1,6 miliardi di neuroni, circa l'equivalente di un cervello di gatto, solo in termini di numero di neuroni. Ma anche questi modelli estremamente complessi, eseguiti su alcuni dei migliori computer esistenti, sono in ritardo rispetto alla reale potenza di elaborazione delle loro controparti biologiche. Ciò è dovuto, tra l'altro, all'incapacità dei computer di elaborare le informazioni in parallelo, eseguendo molti calcoli contemporaneamente. Un gatto impiega un secondo, il supercomputer Blue Gene dieci o addirittura cento secondi, in base alla complessità del compito.

Nel 2020, un team dell'Allen Institute for Brain Science di Seattle, negli Stati Uniti, ha mappato la struttura tridimensionale di tutti i neuroni compresi in un millimetro cubo del cervello di un topo, un traguardo considerato straordinario. All'interno di questo minuscolo cubo di tessuto cerebrale, delle dimensioni di un granello di sabbia, i ricercatori hanno contato più di 100.000 neuroni e più di un miliardo di connessioni tra di essi. Sono riusciti a registrare su computer le informazioni corrispondenti, compresa la forma e la configurazione di ogni neurone e connessione, il che ha richiesto due petabyte, ovvero due milioni di gigabyte di memoria. Per fare questo, i loro microscopi automatici hanno dovuto raccogliere 100 milioni di immagini di 25.000 fette del minuscolo campione in modo continuo per diversi mesi. Provate a pensare cosa significhi replicare la mappatura sul cervello umano, che è infinitamente più complesso! Senza contare che a noi non interessa solo una mappatura statica del cervello (cioè, la struttura), ma anche una dinamica (il modo in cui funziona). E questo è un altro tema forse ancora più complesso del precedente.

Questo significa che la scienza si sta muovendo nella direzione giusta, ma i tempi sono ancora incredibilmente incerti. Nella migliore delle ipotesi parliamo ancora di decine di anni, sarebbe già notevole ottenere il risultato nell'arco di questo secolo. Se è vero che non sappiamo se e quando avremo mai a disposizione la tecnologia per rivitalizzare un cervello o un corpo criopreservati, lo stesso vale per se e quando avremo a disposizione la possibilità di scaricare i contenuti di un cervello.

È paradossalmente più progredita la fase successiva. Dare vita e capacità di dialogo autonomo ad una entità, potremmo dire un individuo, sulla base delle informazioni raccolte su di lui.

Due anni fa è stata diffusa la notizia che Microsoft ha ricevuto un brevetto per un software in grado di reincarnare le persone come chatbot. Il gigante del software informatico ha brevettato chatbot "conversazionali" basati su una persona specifica, viva o morta. Il programma funzionerebbe estraendo i dati dai post sui social media e dai messaggi di testo della persona in questione.

Si legge nel brevetto: "*I dati social possono essere utilizzati per creare o modificare un indice speciale sul tema della personalità di una persona specifica*". Il gigante tecnologico utilizzerebbe quindi queste informazioni per addestrare i motori di apprendimento automatico e il risultato sarebbe un'intelligenza artificiale in grado di "pensare" e rispondere come una persona conosciuta. Figuriamoci quindi se l'algoritmo potesse accedere alla mappatura ed al contenuto di un cervello reale, invece che a semplici e-mail, post di Facebook o video dei filmini di Natale.

Scioccante, ma il colosso di Redmond non è l'unica azienda ad esplorare questa strada. Anche Google ha un brevetto per un clone digitale che incarna gli "attributi mentali" delle persone. La società di software neozelandese UneeQ sta commercializzando "umani digitali" che ricreano "interazioni umane su scala infinita". Pryon, una società di intelligenza artificiale, sta lavorando a una tecnologia che riproduce i sentimenti del personale di un'organizzazione per migliorare i chatbot. E chi più ne ha più ne metta.

CONCLUSIONI

Siamo agli albori dello storage umano. In futuro vedremo proliferare sistemi di conservazione degli esseri umani, della loro coscienza, di cervelli e delle informazioni neuronali o digitali in essi contenuti. In attesa che futuri sviluppi tecnologici possano dare un senso e nuova vita a questi *"ei fu siccome immobile"* del passato. Come se non fossimo già fornitori di informazioni a gratis per i giganti della tecnologia da vivi, lo diventeremo anche da morti.

L'immortalità è un'ambizione umana da sempre. C'è chi ha perseguito l'obiettivo imbalsamando faraoni all'ombra delle piramidi, chi pregando nell'attesa della resurrezione, chi scrivendo versi indimenticabili, chi iscrivendo il proprio nome per sempre nella storia lasciando all'umanità progressi scientifici di ogni tipo. Ora il concetto rischia di assumere una nuova dimensione.

E più ci si avvicina alla vera immortalità, in forma digitale o addirittura corporea, i contorni della cosa si fanno sempre più bizzarri e potenzialmente angoscianti. In un percorso circolare di ritorno al punto di partenza che mi fa pensare che, in realtà, l'immortalità serva più a soddisfare certi ego individuali piuttosto giganti, piuttosto che essere di interesse per l'intera umanità. Di sicuro è di interesse economico per chi la promuove. Ed in questo episodio non ho nemmeno parlato di lotta all'invecchiamento e di suo reversal, perché altrimenti il tema diventerebbe di massa e sarebbe un'altra storia ancora. Della quale magari ci sarà tempo per parlare nelle prossime puntate. E voi che cosa ne pensate?

IL FUTURO DEL SONNO

IL SONNO

Il sonno è il nostro ultimo baluardo incontaminato dove, una volta chiusi gli occhi, nessuno riesce ad intrufolarsi. In un futuro prossimo anche questo potrebbe cambiare. In questo episodio vi conduco nella descrizione di alcuni scenari futuri circa il sonno, l'atto del dormire e la sua possibile evoluzione.

Ci viene insegnato che abbiamo bisogno del sonno ristoratore, è qualcosa che ci piace molto mentre lo facciamo, tanto che spesso passiamo le ore di veglia a lamentarci che vorremmo fare un bel riposo. Ma poi facciamo tutto ciò che è in nostro potere per ritardare la sua naturale insorgenza ogni notte.

Gli psicologi ci dicono che gran parte di questa lotta è classicamente esistenziale; ha a che fare con la consapevolezza inconscia che il nostro tempo tra i vivi è finito; quindi, cerchiamo di sfruttare al massimo le ore in cui siamo pienamente coscienti. Ed apparentemente ci riusciamo anche. Uno studio del 2011 dell'Università della California ci assicura che, quando ognuno di noi si abbandona al sonno ogni notte ha assorbito l'equivalente di 174 giornali di contenuti.

Eppure, siamo la generazione di sapiens che dorme di meno nella storia. Le statistiche dicono infatti, che gli esseri umani stanno eludendo un imperativo biologico, dormendo meno che mai rispetto al passato, nonostante godano di una durata di vita più lunga di tutte le generazioni precedenti che hanno popolato la Terra. Secondo il Center for Disease Control, più di un terzo di noi non dorme a sufficienza e la maggior parte di noi gode di appena sei ore a notte di tempo per recuperare dalle fatiche quotidiane. Il tempo ottimale è invece situato fra le 7 e le 8 ore. Dormire meno, o anche di più è scientificamente associato all'aumento della predisposizione a talune patologie. Possiamo affermare che la famosa frase di Napoleone *"6 ore per un uomo, 7 per una donna ed 8 per un matto"*, era una sonora stupidaggine.

Un recente studio australiano ha stimato in 45 miliardi di dollari il costo economico annuale del sonno insufficiente per la popolazione di tale Paese; costo che comprende i costi sanitari diretti, il costo delle condizioni di salute associate, la riduzione della produttività, gli incidenti e l'assistenza informale.

Inoltre, in un rapporto del 2016, RAND Corp ha quantificato che il costo combinato del sonno insufficiente in cinque Paesi dell'OCSE (Canada, USA, Regno Unito, Germania e Giappone) supera i 600 miliardi di dollari all'anno. Insomma, non dormire a sufficienza, non è solo un maleficio individuale, ma ha anche considerevoli riflessi collettivi.

COME FUNZIONA IL SONNO

Il sonno non si limita a chiudere gli occhi e ad andare alla deriva fra le braccia di morfeo. Durante il sonno, il cervello e il corpo sono sottoposti a decine di processi biologici dettati da uno schema ripetuto di sonno REM (rapid eye movement) e NREM (non-rapid eye movement).

Circa il 75% di una notte di sonno tipico è costituito da quest'ultimo, che in realtà consiste in una sequenza di fasi distinte: la temperatura corporea si abbassa, la respirazione diventa regolare e gli ormoni essenziali vengono rilasciati nel flusso sanguigno. Poi, ogni 90 minuti circa, si verifica il sonno REM. In questo caso si entra in uno stato di sogno, con i muscoli che si allentano quando il cervello dice al midollo spinale di interrompere i movimenti del corpo.

I ritmi di vita e le sue ansie, la mancanza di educazione sul sonno, l'alimentazione errata, ovviamente anche alcune patologie individuali e recentemente anche l'abuso di tecnologia sono le principali cause della mancanza di sonno. Ma se la tecnologia è in buona parte responsabile dell'attuale squilibrio, potremmo anche utilizzarla per inaugurare un futuro correttivo all'insegna del sonno?

COME MISURIAMO IL SONNO

Sin dagli anni '60, la polisonnografia (PSG) è stata utilizzata in ambito clinico per monitorare il sonno attraverso una batteria di sensori simultanei e complementari. Questi sensori consentono di misurare l'attività cerebrale attraverso l'elettroencefalogramma, il flusso d'aria, lo sforzo e la frequenza respiratoria, i livelli di ossigeno nel sangue, la posizione del corpo, il movimento degli occhi, l'attività elettrica dei muscoli e la frequenza cardiaca. È una tecnica davvero omnicomprensiva, capace di scrutarci all'interno nel dettaglio, ma tradizionalmente, la PSG richiede che i partecipanti dormano in un ambiente di laboratorio. Un altro metodo convenzionale utilizzato in ambito clinico per valutare il sonno è la videosonnografia (VSG). La VSG comprende una serie di metodi basati su video utilizzati per registrare una persona mentre dorme.

Ma la tecnologia più recente è uscita dagli ambienti clinici e di ricerca, grazie alla diffusione di strumenti (principalmente braccialetti di vario genere e smartphone) alla portata di tutti.

Negli ultimi anni si è assistito a una significativa espansione dello sviluppo e dell'uso di sensori e tecnologie per monitorare l'attività fisica, il sonno e i ritmi circadiani. Questi sviluppi rendono possibile per la prima volta un monitoraggio accurato del sonno su vasta scala. Si stanno generando enormi quantità di dati multi-sensore con applicazioni potenziali che vanno dalla ricerca epidemiologica su larga scala che collega i modelli di sonno alle malattie, alle applicazioni per il benessere, compreso il coaching del sonno di individui con patologie croniche.

Esistono anche i sensori da letto. Possono essere definiti come qualsiasi sensore che si trova sul letto e vengono utilizzati per monitorare i processi fisiologici. I movimenti del corpo, la respirazione e persino le attività cardiache possono essere rilevate dalla variazione di volume di camere pneumatiche o del materasso stesso che si trovano sotto un individuo mentre giace a letto. Ad esempio, l'utilizzo di sensori a fibre ottiche a microcurvatura sotto il materasso consente di monitorare le attività di respirazione e di movimento del corpo, che possono essere utilizzate per estrapolare alcune preziose metriche del sonno.

I telefoni cellulari offrono un'ampia gamma di sensori, come giroscopi, microfoni e accelerometri, che possono essere utilizzati per monitorare i modelli di sonno. Ad esempio, iSleep, sviluppato da Hao et al., sfrutta il microfono integrato dello smartphone per rilevare gli eventi che si verificano durante il sonno, come il movimento del corpo, la tosse e il russare, elaborando i segnali acustici. Il software raggiunge un'accuratezza superiore al 90% per la classificazione degli eventi (russare, tosse, sonno) in diverse condizioni ambientali. Un limite importante del sistema è che il campionamento ad alta frequenza del microfono rappresenta una fonte significativa di consumo di energia e di batteria, ma l'evoluzione degli smartphone renderà tale aspetto sempre meno problematico.

In una stagione precedente di The Future Of ho dedicato ampio spazio alla nascita dell'io-algoritmico, cioè la trasformazione in dati e la loro sistematica raccolta di tutti i nostri atti, fisici e mentali. Il sonno ovviamente non sfugge a tale evoluzione.

E DOPO LA RACCOLTA DATI?

Dopo ogni azione dovrebbe seguire una reazione. La raccolta non è fine a sé stessa. Dico dovrebbe, perché il paradosso dell'iper-raccolta di dati, è che spesso quando controllate la vostra app che vi dice come avete dormito, scoprite che avete dormito male e la cosa finisce lì.

Quando telefoni, braccialetti, letti, materassi e persino indumenti da letto raccolgono i nostri dati, sono in grado di restituirli a noi, ai letti stessi ed alle stanze, perché queste si adeguino in real-time al nostro sonno. O perché gli utenti prendano provvedimenti.

La possibilità di arieggiare o insonorizzare le stanze, così come di regolare l'illuminazione, i profumi, i suoni e la forma del nostro materasso o cuscino in tempo reale non è un sogno, scusate il gioco di parole. Anche l'esperienza del sonno può essere personalizzata ed ottimizzata. Una società di nome Bryte commercializza dei materassi smart che modificano la forma secondo la pressione e la temperatura del corpo... ma parliamo di un "oggettino" che costa 7.600 $, non proprio alla portata di tutti.

E se non avete nessuna di queste diavolerie a casa ed il sonno è un problema vero, potete rivolgervi a dei coach dedicati o, meglio ancora, a dei medici professionisti. In più, esistono persino dei veri e propri "rehab" del sonno. Una cosa è sapere che dormire bene è importante, un'altra è sperimentare un sonno che apre gli occhi al miglior riposo della propria vita. A questo servono i ritiri del sonno. Queste esperienze rilassanti vi aiutano a recuperare il vostro deficit di sonno, a migliorare le vostre abitudini di sonno e a ritornare alla vostra vita normale con una ritrovata capacità di spegnervi su richiesta.

I ritiri del sonno completi eseguono diagnosi del sonno, incorporano la melatonina e la serotonina nei pasti, hanno allenatori del sonno a disposizione, menu di cuscini, meditazioni e un'illuminazione speciale progettata per resettare i ritmi circadiani.

E se poi diventaste davvero bravi, sappiate che esistono anche i "Campionati mondiali di dormire". Gli iscritti si sfidano a colpi di dormite con un dispositivo indossabile ed una app, che rilevano i dati del vostro sonno e gli danno un punteggio. Chi dorme "meglio" elimina l'avversario ed arriva alle finali. Se la cosa vi fa sorridere, invece dovreste prenderla come uno stimolo a fare meglio. Le storie di chi ha partecipato raccontano di quasi "estremisti" del sonno dotati di cuscini personalizzati, lenzuola di lino, luci che simulano il sorgere del sole, ma anche zero Facebook prima di dormire, alimentazione serale appropriata e buoni stili di vita. Insomma, il sonno all'interno di una serie di comportamenti virtuosi, non una banale app.

Ma tutto questo esiste già oggi, ed il futuro lontano cosa prevede?

CENNI DI FUTURO LONTANO

Secondo il futurista Jack Uldrich, cito le sue parole, *"farmaci e dispositivi medici in grado di permeare la barriera emato-encefalica ci permetteranno di portare il sonno a un livello inimmaginabile, forse addirittura di amplificare l'apprendimento; a quel punto, la vera avanguardia sarà la questione di come usare il sonno per favorire l'istruzione, capendo come ottenere il riposo di cui abbiamo bisogno e allo stesso tempo usare il sonno come un momento davvero produttivo"*.

In definitiva, il nuovo sonno si tradurrà in una "ottimizzazione personalizzata", cioè sarà adattato alla biologia e al funzionamento cerebrale specifici di un individuo e sarà utilizzato per qualcosa di più del semplice riposo. Forse il sonno sarà usato per curare ferite emotive e fisiche, per ottenere un diploma o persino per imparare una nuova lingua. O forse ci abitueremo a fare delle "vacanze cerebrali", in cui i nostri sogni andranno oltre le più rosee aspettative degli appassionati di realtà virtuale.

Già oggi è noto che gli stimoli, specialmente visivi, che assorbiamo prima di dormire sono in grado di influenzare quello che sogneremo, qui si sta parlando di pillole o dispositivi, che saranno in grado di orientare a comando i contenuti dei nostri sogni. I contenuti che rivediamo poco prima di andare a letto influenzano i nostri sogni ipnagogici, ovvero i sogni viscerali che si verificano subito dopo l'addormentamento. Ciò significa che ciò che vediamo, sentiamo o annusiamo poco prima di dormire può essere "programmato" per influenzare i nostri sogni e, di conseguenza, i nostri pensieri e comportamenti. Se pensate che si tratti solo di ricerche per il futuro lontano, però, dovreste ricredervi. L'origine è antichissima.

Un onirogeno, dal greco óneiros che significa "sogno" e gen "creare", è ciò che produce o migliora gli stati di coscienza onirici. E cosa indurrebbe ad uno stato onirico immersivo simile al sonno REM, che può variare da realistico ad alieno o astratto? Molte piante che favoriscono i sogni, come l'erba dei sogni (Calea zacatechichi) e l'erba dei sogni africana (Entada rheedii), così come la salvia divinatoria allucinogena (Salvia divinorum), sono state utilizzate per migliaia di anni in una forma di divinazione attraverso i sogni, chiamata oniromanzia, in cui i praticanti cercano di ricevere informazioni psichiche o profetiche durante gli stati onirici. Il termine onirogeno descrive comunemente un'ampia gamma di piante e sostanze chimiche psicoattive che vanno da normali stimolatori di sogni a intense droghe che producono veri e propri effetti dissociativi o deliranti. Gli effetti sperimentati con l'uso di onirogeni sono ben poco rassicuranti: si va dal microsonno, all'ipnagogia (che poi è la fase dell'addormentamento dove si sperimenta uno stato fluttuante della coscienza), fino ai famosi lucid dreams o sogni lucidi e persino esperienze extracorporee.

Secondo alcuni futuristi, l'incubazione dei sogni sarà ben compresa e ampiamente praticata nell'arco dei prossimi decenni. Vedremo persone programmare sogni particolari ed avremo sogni disponibili per lo streaming. Io la chiamerei Dreamflix, ma qualcuno si è spinto anche più in là, immaginando che potremmo persino vedere degli Oscar per i contenuti onirici particolarmente ben diretti!

Ovviamente, la speranza è che la scienza ci offra soluzioni più controllate e meno naif, ma per chi volesse testare qualcosa, come spesso accade, basta andare su Amazon. Con poche decine di dollari è possibile acquistare "supplementi" in grado di favorire il ricordo dei sogni o di renderli più vividi. Per "telecomandarli", invece, serve aspettare nuove evoluzioni scientifiche.

E se avete, magari giustamente, paura dei contenuti chimici di pillole e sostanze che non sono esattamente mainstream, anche la stimolazione cerebrale transcranica e gli impianti sono in fase di realizzazione. Entrambi possono funzionare con il semplice tocco di un'applicazione per smartphone, facendovi cadere in uno stato di trance che dura pochi minuti ma è incredibilmente rinfrescante. Se i risultati dei test sono attendibili, la scossa è produttiva e riposante come una siesta di ore.

E quando parliamo di impianti, giusto per capirsi, parliamo di chip nel cervello. È difficile sapere con certezza, se la scienza prenderà in maniera convinta questa direzione, ma i futuri strumenti per il sonno potrebbero essere piccoli chip da impiantare nel cervello. I chip, che stimolano determinate sezioni del cervello, potrebbero essere utilizzati con farmaci che accelerano il metabolismo e alterano la chimica del cervello e del corpo. Se è poco rassicurante una pillola... figuriamoci questo!

Secondo il futurista Frey, cito nuovamente le parole, *"per molti versi dormire è un po' come riavviare il computer, solo che si tratta di un processo di riavvio del corpo della durata di 8 ore; possiamo farlo più velocemente, più rapidamente e più frequentemente in futuro? Se possiamo accelerare il cervello per imparare più velocemente, possiamo anche accelerarlo per dormire più velocemente? È un controsenso, ma rallentare il cervello per dormire meglio potrebbe non essere la direzione giusta"*.

È solo teoria, ma parliamo di un dispositivo che fa sentire noi e il nostro corpo come se avessimo dormito 8 ore, in sole 2 ore. Si chiama teoria della simulazione del sonno: l'idea è che, invece di dormire 8 ore al giorno, potremmo dormire meno se potessimo personalizzare il nostro sonno con la tecnologia. Il dispositivo di simulazione del sonno funzionerebbe stimolando le parti del cervello responsabili del sonno. Invierebbe segnali che ingannerebbero il cervello facendogli credere che il corpo ha riposato tutta la notte, anche se ha dormito solo per un paio d'ore. Ciò consentirebbe di ottenere i benefici di un sonno completo senza dover sacrificare il proprio tempo.

Mi verrebbe da dire che il sonno, oltre ad essere ristoratore per il cervello, lo deve essere anche per il corpo. Magari le due ore del caso, non sarebbero per nulla sufficienti. Col sonno, a mio avviso non si scherza.

Comunque, in sintesi, la tecnologia del sonno di oggi si concentra sull'aiutarci a dormire in modo più intelligente. Ma la tecnologia del sonno di domani potrebbe aiutarci a dormire meno. Gli esperti di tecnologie emergenti prevedono che entro 20 anni verranno sviluppati dispositivi e sostanze chimiche in grado di aiutarci a funzionare con meno sonno. In altre parole, ci daranno letteralmente più ore al giorno, cosa che tutti abbiamo desiderato prima o poi.

E se sostanze chimiche e chip non vi soddisfano, sappiate che anche la genetica è attiva sul fronte sonno. Mentre i biologi mappano il genoma umano, sono alla ricerca di marcatori genetici che codificano determinati comportamenti e tendenze. Un gene che si spera di individuare è proprio il "gene del sonno", un ipotetico gene all'interno del genoma che codifica il "sonno leggero". Alcuni geni, come CLOCK e BMAL1, sono noti per svolgere un ruolo importante nel ritmo circadiano del corpo. Ora i ricercatori pensano di aver trovato un altro gene, DEC2, che potrebbe essere il segreto del sonno leggero. Sembra che le mutazioni di DEC2 riducano in modo significativo la quantità di sonno necessaria all'organismo umano. Controllando il gene o una combinazione di geni, il sonno può essere gestito.

Ma non tutti aspettano che la tecnologia raggiunga il loro desiderio di dormire in modo più efficiente. I dormitori polifasici si allenano a dormire per intervalli più brevi sia di giorno che di notte. Ad esempio, dormendo per quattro ore nel cuore della notte e facendo qualche breve sonnellino durante il giorno.

Il sonno polifasico, termine coniato dallo psicologo J.S. Szymanski agli inizi del XX secolo, si riferisce alla pratica di dormire diverse volte durante la giornata, in contrasto con il sonno bifasico (cioè, le due volte al giorno tipiche dei bambini) ed il sonno monofasico (cioè, una volta al giorno, in funzione del classico ciclo giorno-notte, tipico degli adulti).

I devoti del sonno polifasico affermano che i loro programmi di gestione del sonno li aiutano effettivamente a sentirsi più riposati. E con più tempo da svegli, la loro produttività sale alle stelle. Personalmente ho avuto la possibilità di lavorare con una persona che seguiva questo approccio. Posso confermare l'incredibile quantità di tempo dedicato alle cose del lavoro e della vita, ma la sensazione era quella di una persona sempre al limite. Quali sono gli effetti a lungo termine di vivere così?

Io spero di non avervi fatto addormentare davvero parlandovi di sonno, se il segreto di una buona dormita fosse ascoltare The Future Of, francamente non ne sarei offeso, di sicuro sarebbe utile ed a basso costo.

IL SESSO DEL FUTURO

PREAMBOLO

Ogni secondo nel mondo, secondo l'Atlante Mondiale della Sessualità, vengono consumati 13.000 rapporti sessuali. Negli ultimi cinque minuti sono quindi già avvenuti circa 4 milioni di orgasmi, ammesso che un solo partner abbia raggiunto l'apice del piacere; il doppio se la cosa ha riguardato entrambe le parti in causa.

Che vi sembri strano o meno, stiamo per parlare di uno dei più grandi fenomeni che caratterizzano l'essere umano e, con le dovute differenze, l'intero regno animale. Quindi che voi la pensiate come Woody Allen *"il sesso è stata la cosa più divertente che ho fatto senza ridere"* o come Andy Warhol *"subito dopo essere vivi, la fatica più grossa è fare del sesso"*, questa puntata è per voi.

CENNI STORICI

Nel corso dei secoli, gli esseri umani e le loro società hanno oscillato ampiamente tra liberazione e repressione sessuale. Gli antichi egizi erano sessualmente tolleranti: sesso prematrimoniale, figli nati fuori dal matrimonio e parità di diritti per il divorzio erano la norma. I greci erano altrettanto liberali: l'erotismo e la fertilità erano elementi fondamentali della mitologia, il dio Eros nasce con loro. Gli etruschi avevano cerimonie di sepoltura che includevano rituali sessuali, in una curiosa mescolanza di vita e morte.

Spostandoci fuori dal nostro mondo occidentale, l'India, per esempio, ha svolto un ruolo significativo nella storia del sesso: dalla stesura di una delle prime letterature che ha trattato il rapporto sessuale come una scienza, fino all'origine, in epoca moderna, del focus filosofico sui cosiddetti gruppi new-age. Si può affermare che l'India sia stata pioniera nell'uso dell'educazione sessuale attraverso l'arte e la letteratura. Kamasutra e infinite altre opere e rappresentazioni sono diffuse nell'immaginario comune.

In Cina, il desiderio di rispettabilità e la convinzione che tutti gli aspetti del comportamento umano possano essere messi sotto il controllo del governo, hanno imposto fino a poco tempo fa ai portavoce ufficiali cinesi di mantenere la finzione della fedeltà sessuale nel matrimonio, l'assenza di una grande frequenza di rapporti sessuali prematrimoniali e la totale assenza in Cina del cosiddetto "fenomeno capitalista decadente" dell'omosessualità. Negli ultimi decenni, però, il potere della famiglia sugli individui si è indebolito, rendendo sempre più possibile per giovani uomini e donne trovare i propri partner sessuali.

In Giappone, la sessualità è governata da forze sociali che rendono la sua cultura notevolmente diversa da quella dei vicini cinesi, coreani, ma anche dagli indiani o dagli europei. Nella società giapponese, il metodo principale utilizzato per garantire il controllo sociale è la minaccia dell'ostracismo. La società giapponese è ancora una società della vergogna. Si presta più attenzione a ciò che è educato o appropriato mostrare agli altri che a quali comportamenti possono far sembrare una persona "corrotta" o "colpevole", nel senso cristiano del termine. Ecco che allora il sesso viene interpretato e praticato alla luce di queste logiche, molto specifiche del Paese.

Ma non tutti sono o sono stati liberali sull'argomento. In epoca vittoriana, per esempio, si fecero largo nuovamente atteggiamenti di repressione sessuale; con alcuni estremi anche piuttosto bizzarri: le gambe dei tavoli, per esempio, erano considerate una tentazione malvagia e dovevano essere coperte. Un conservatorismo applicato anche all'omosessualità, alla promiscuità e all'espressione sessuale. Lato Islam, invece, se un musulmano avesse rapporti sessuali con una persona diversa dal coniuge, sarebbe considerato un peccato e un crimine, e tali rapporti extraconiugali, definiti "zina" nel Corano, sono punibili nei pochi Paesi che praticano pienamente la legge islamica della Sharia con una punizione corporale di 100 frustate se la persona non è sposata (una "semplice" fornicazione), e con la morte se la persona è sposata con un altro (questo il prezzo di un vero e proprio adulterio).

Negli anni Sessanta, la liberazione sessuale tornò con prepotenza a farsi largo, anche grazie all'avvento della pillola contraccettiva. Pur essendo queste generalizzazioni molto banali e fin troppo esemplificative, anche per ragioni di spazio, il concetto di fondo è che non stiamo parlando di un fenomeno statico ed uguale per tutti, ma di un aspetto della vita che evolve continuamente attorno a cultura, religione, tipologia dei governanti e così via.

TREND RECENTI

Oggi, i due grandi motori della rinnovata attenzione al tema della sessualità sono, probabilmente, il benessere sessuale ed il SexTech. Il benessere sessuale è un termine in evoluzione che racchiude l'igiene sessuale, la salute delle relazioni, la sicurezza, l'educazione sessuale e l'erotismo. Il settore del benessere sessuale, si stima valesse 62 miliardi di dollari nel 2020 e si prevede che supererà i 125 miliardi di dollari entro il 2026. Nel frattempo, il settore SexTech, definito come qualsiasi prodotto, software o piattaforma che consente e migliora le esperienze sessuali, valeva 50 miliardi di dollari nel 2020 e sta crescendo a un tasso annuo del 30%.

Concentrandoci sulla tecnologia, che poi è il focus di The Future Of, possiamo dire che, in un mondo in rapida evoluzione, molti aspetti della nostra vita vengono trasformati dalla tecnologia, compreso quindi il modo in cui sentiamo ed esprimiamo la nostra sessualità. Tra le tante innovazioni, possiamo comunicare istantaneamente con gli amanti, vicini e lontani, rendendo fattibili le relazioni a distanza ed è più facile soddisfare il desiderio di nuovi partner. La robotica, la realtà virtuale e le straordinarie innovazioni scientifiche stanno ampliando il modo in cui possiamo esprimere e vivere la sessualità attraverso i nostri cinque sensi. I progressi della scienza biologica e neurologica stanno aprendo molteplici possibilità erotiche.

Bisogna considerare che la tecnologia viene sempre sviluppata come risposta alle esigenze umane. Ci sono persone che vivono relazioni a distanza e persone disperatamente sole. Altri potrebbero avere problemi con la monogamia o con la formazione di relazioni sessuali durature. Altre ancora vivono nel matrimonio e tutto il resto, tranne il sesso, funziona benissimo. Altri ancora lottano con la propria sessualità e con le questioni di salute sessuale. Il futuro della tecnologia sessuale può offrire, o almeno tentare di offrire, soluzioni per vivere una vita sessuale soddisfacente.

Ma non è certo solo un fatto tecnologico, la visione sul sesso continuerà a cambiare. Secondo gli esperti, ciò è dovuto in gran parte a una serie di eventi socioculturali epocali concentrati negli ultimi anni: il movimento #MeToo, la pandemia (che ci ha dato più tempo per concentrarci su noi stessi) e il rebranding del sesso da tabù ad attualità. Insomma, il sesso si avvicina sempre di più a wellness e wellbeing, e la tecnologia è solo uno strumento per farlo accadere.

IL PERCHE'

Prima di saltare alle nuove tecnologie attorno al sesso, fatemi fare una riflessione sull'evoluzione del sesso nel tempo. E vediamo dove siamo oggi. Il sesso, ragioniamo, deve avere un perché, un po' come ogni cosa che facciamo. Dopo tutto, essere umani significa essere curiosi, intellettualmente ed emotivamente. Sperimentare il sesso e teorizzare il suo significato sembra molto naturale per "animali" (i sapiens) che passano gran parte del loro tempo a fare riflessioni di livello superiore.

Dal punto di vista biologico, c'è un ovvio perché al sesso umano. Facciamo sesso perché soddisfa le pulsioni biologiche, comprese quelle necessarie a procreare e a creare legami. In effetti, questi sono i due perché che ci sono stati tramandati dalla tradizione occidentale, entrambi organizzati intorno a un obiettivo finale.

Furono gli stoici che, nel tentativo di frenare l'autoindulgenza, cercarono di inserire il sesso in uno schema di significato: abbandonarsi al piacere del sesso andava bene purché fosse finalizzato a fare figli. Questa etica si è fatta strada nella tradizione cristiana, in particolare attraverso Agostino, e continua a esercitare un'enorme influenza in Occidente. Secondo questo schema, il sesso è etico quando è praticato principalmente per la procreazione.

L'altro importante perché del sesso viene da Aristotele che mescola sesso e amore, esprimendosi così: "*essere amati, dunque, è preferibile al rapporto sessuale, secondo la natura del desiderio erotico. Il desiderio erotico, dunque, è più un desiderio di amore che di rapporto sessuale. Se è soprattutto per questo, questo è anche il suo fine. O il rapporto sessuale, allora, non è affatto un fine o lo è per essere amati*".

La differenza tra noi e molti animali non umani, però, è che noi proviamo regolarmente piacere nel fare cose inutili. Le facciamo, cioè, perché ci piacciono, perché partecipare a queste attività ci procura piacere, il tipo di piacere che ci distrae da qualsiasi domanda sul perché. Ecco allora che il sesso diventa uno strumento di completamento del nostro complesso sistema di azioni che facciamo o non facciamo, alla ricerca di un benessere individuale, fisico e mentale. Anche se non ci poniamo la domanda del perché sul sesso, e tantomeno troviamo una risposta, sappiamo che è uno dei tasselli del nostro benessere. E questo ci potrebbe aiutare a rimuovere dal tema del sesso, quello stigma che l'argomento ancora si porta dietro e che non è assolutamente necessario che ci sia. Come diceva Woody Allen: "*il sesso senza amore è un'esperienza vuota, ma tra la esperienze vuote è una delle migliori*".

E allora andiamo a guardare queste evoluzioni tecnologiche, loro sì che sono meramente un mezzo e non un fine, che stanno influenzando e sempre più influenzeranno il modo di approcciarsi ed interpretare il sesso.

REMOTE SEX

Il sesso a distanza è il sesso tra due o più persone che non si trovano nello stesso luogo, ma che sono collegate tramite Internet. Il sesso a distanza non è una novità. Fin dall'alfabetizzazione, gli amanti separati si sono toccati a distanza attraverso lettere erotiche, che i destinatari potevano tenere in una mano mentre facevano altro con l'altra. Nel corso del 20° secolo, il sesso a distanza è passato al telefono. Internet è arrivata solo in tempi più recenti.

Parliamo di un fenomeno che ha accelerato notevolmente durante la pandemia, gioco forza. Non appena sono stati annunciati lockdown e misure di sicurezza molto restrittive, è scattato quasi dappertutto un fenomeno di "panic buying", che ha portato ad acquistare e stoccare prodotti di vario tipo, dalla farina, alla carta igienica, alla benzina e molti generi alimentari. I cosiddetti sex toys, di cui sicuramente si è parlato di meno, non hanno fatto eccezione.

Le vendite di bambole gonfiabili, sex toys e lingerie sono raddoppiati in Australia a Marzo 2020. Crescite simili sono state registrate in Danimarca e Colombia. In Nuova Zelanda sono triplicate. In Italia, Spagna e Francia le vendite hanno superato i target tra 2 e 3 volte. In India hanno fatto un ragguardevole +65%, in Irlanda +177%. L'export cinese di questi oggetti è aumentato del 50%. Praticamente un fenomeno senza confini e senza distinzione di razza.

Sarà stato legato banalmente a non poter incontrare il partner o un partner, ad anticipare un possibile incremento dei prezzi o ad evitare di non trovare il prodotto desiderato, ma resta il fatto che anche in questo mercato, come in altri del resto, è stato rilevante anche il fenomeno della "sperimentazione della prima volta". E, a quanto pare, la cosa è destinata a durare. Insomma, se il tapis roulant è già finito in cantina, il giocattolo sessuale resta nel cassetto vicino al letto.

Giocattoli sempre più tecnologici. Sempre più persone utilizzano sex toys elettronici, gestiti da computer o dispositivi che utilizzano i dati, per "aumentare" l'esperienza e condividere il piacere. Oggetti che trasmettono sensazioni attraverso sensori tattili per aiutare i partner a distanza a eccitarsi a vicenda in tempo reale. Prodotti per donne, possono essere controllati anche a distanza tramite applicazioni mobili. Ma esistono anche "semplici" cuscini connessi che consentono di sincronizzarsi al battito cardiaco del partner anche a chilometri di distanza e sentirlo vicino. Mentre i dispositivi per baci a distanza assicurano che non vi perderete mai una sbaciucchiata della buonanotte. E non finisce qui.

Mentre i dispositivi per il sesso a distanza utilizzano già il "force feedback" per trasmettere le sensazioni del tatto, la previsione è che il tutto si espanderà ulteriormente all'intero corpo. Arriveranno sul mercato prototipi di tute aptiche che consentiranno di praticare sesso a distanza completamente fisico. Per i fan della stampa 3D, si ritiene che questa tecnologia consentirà di creare sex toys e stampi su misura che riprodurranno su misura le parti del corpo dell'amante. Hardware e software sessuali open-source aiuteranno a realizzare creazioni personalizzate per farle agire come si desidera.

COMMUNITIES

Se pensate che le community di incontri online o di e-flirt, come qualcuno le definisce, siano nate con Tinder nel 2012, sappiate che c'è mezzo secolo di storia precedente. Nel 1965 due studenti di Harward creano Operation Match: con 3 dollari dell'epoca, gli utenti ricevevano una lista di potenziali partner identificati sulla base di un questionario di compatibilità. Il match veniva elaborato ovviamente da un computer. Ed attirava parecchie attenzioni, dopo un anno gli utenti erano già cresciuti a 90.000 unità.

Bisognerà aspettare il 1995 però, per vedere la nascita di Match.com, il primo sito di incontri online, esploso con l'affermarsi del web. Dal web alle app bisognerà attendere quasi un'altra decina di anni ed è lì che il fenomeno diventerà gigantesco. Tinder, Grindr e migliaia di altre app renderanno l'incontro online sempre più semplice e diffuso.

Ma anche qui sono attesi sviluppi intriganti nei prossimi anni. I mondi generati al computer e i giochi sessuali online multigiocatore di massa come Red Light Center e 3DXChat stanno iniziando a supportare dispositivi per il sesso a distanza. In questo modo, quando gli avatar fanno sesso, le persone dietro al computer possono sentire l'azione attraverso giocattoli sessuali sincronizzati.

I social network progettati per il sesso a distanza diventeranno popolari, e le app di incontri esistenti abbracceranno le interfacce tattili. Invece di scambiarsi semplicemente messaggi, i single diventeranno intimi e condivideranno la telepresenza da luoghi diversi. Insomma, più che a nuovi tipi di community, assisteremo ad una fusione della tecnologia di match (un algoritmo a volte così banale come uno swipe) con la teledildonica, la realtà virtuale ed il remote sex.

Come spesso accade, mi chiedono se tutte queste app saranno sostituite dal metaverso. Personalmente ritengo che, se Facebook iniziasse a riversare in un ambiente virtuale tutti i suoi utenti, con tanto di avatar che possono interagire in una sorta di Secondlife, aperta anche ai contributi di altri produttori, forse il metaverso potrebbe avere una chance. Se il metaverso resterà un ambiente mezzo vuoto, o pieno di pubblicità, cui accedere con un costoso visore di realtà virtuale, non credo andrà lontano, tantomeno per favorire incontri tra persone reali o tra i loro simulacri digitali.

REALTA' VIRTUALE ED OLOGRAMMI

La realtà virtuale sembra poter fare la parte del leone circa gli sviluppi tecnologici nel SexTech; del resto, a quanto pare, il sesso già oggi rappresenta circa il 50% del mercato delle applicazioni di realtà virtuale. Nel 2020 il mercato valeva circa 19 miliardi di dollari, e da qui al 2027 è atteso un tasso di crescita annuale del 21,6%. Sembra tanto, ma in realtà è poca cosa.

In prima battuta, la realtà virtuale consentirà solo di "guardare". Ovviamente sarà molto più realistico che un film proiettato sullo schermo, perché consentirà all'utente di muoversi a 360° dentro una scena già registrata o in real time. Se qualcuno è disposto a pagare per girare la testa dentro un visore e vedere qualche scena di sesso, si accomodi.

In compenso la realtà virtuale ha altri benefici: oltre ad offrire esperienze sempre più immersive, garantisce sicurezza, sia dal punto di vista igienico che da quello del possibile incontro con sconosciuti. Due aspetti che nella vita reale potrebbero non essere del tutto ovvi.

Se poi alla semplice "vista" di un partner dentro un visore, la tecnologia riuscirà realmente ad integrarsi con tute aptiche, guanti controllati da remoto e persino repliche di peni e vagine (magari stampati in 3D), l'immersività potrebbe diventare molto più soddisfacente. E l'aspettativa va anche oltre. Le chat video intime con i partner combineranno dispositivi sessuali remoti e ologrammi toccabili dei loro amanti, ma oltre all'aspetto fisico e visivo, i progressi delle neuroscienze e della biotecnologia permetteranno di condividere i sentimenti personali attraverso la trasmissione di emozioni. Un tentativo di replicare sia l'esperienza della mente che quella del corpo.

Ma, oltre a questo, io ci vedo ben poco altro.

SEX - ROBOTS

Lo so, questa è la parte che state tutti aspettando. Siccome il noto futurista Ian Pearson nel 2016 ha detto che nel 2050 sarà più frequente il sesso con i robot che quello con un partner umano, probabilmente vorrete saperne di più. Diciamo che, se considerate robot il Roomba, il Bimbi, Jibo o Rovio, l'unica probabilità che la previsione di Pearson sia corretta è che decidiate di fare l'amore con l'aspirapolvere elettrico, il robot da cucina o i rover di sorveglianza da giardino.

Il trend è giusto, ma le date fin troppo ottimistiche. Ricordate i 13.000 rapporti sessuali al secondo di inizio puntata? In un solo giorno significa circa 1,1 miliardi di rapporti che coinvolgono, per semplicità, 2,2 miliardi di persone. Se il 50% di loro facesse sesso con un robot, dovremmo quindi avere in circolazione nel mondo 1,1 miliardi di robot sessuali. Cioè, più o meno il numero di televisori ad oggi esistenti sul pianeta. Considerata la pochezza dei robot antropomorfi esistenti oggi e dedicati allo scopo, mi sembra un traguardo difficilmente raggiungibile anche solo a medio termine.

Partiamo però da una premessa sostanziale. I robot sono macchine destinate a migliorare la vita degli esseri umani, anche se alcuni temono che possano rubarci il lavoro e il cuore. I robot simili agli esseri umani sono chiamati androidi, mentre i robot femminili sono ginoidi. I progressi in questo campo li stanno portando nei domini più complessi del sesso, delle emozioni e dell'amore.

I software sviluppati dagli ingegneri dell'erotismo diventeranno sempre più sofisticati e utilizzeranno il deep learning per comprendere e rispondere al desiderio umano. I progressi nella tecnologia cognitiva dei supercomputer come Watson dell'IBM e le iniziative per scaricare la coscienza umana in un robot, come BINA48, favoriranno dei progressi in questo campo. Sarà possibile scaricare queste personalità nei robot e nelle bambole (gonfiabili o meno). Diciamo che le bambole attuali, pur essendo iperrealistiche restano comunque ancora molto lontane dall'essere considerate assimilabili ad un partner umano. Al netto ovviamente, di situazioni che rasentano la patologia, come la storia del bodybuilder kazako Yuri Tolochko che, nel Novembre del 2021, ha sposato la sua bambola umanoide di nome Margo. E sempre per la cronaca hanno già divorziato.

In ogni caso, laddove la progettazione robotica risulterà carente, alcuni sostengono che la realtà aumentata interverrà per creare un amante visivamente attraente sovrapposto a una struttura robotica. Le persone utilizzeranno questa tecnologia per creare ex amanti e repliche di celebrità. Ammesso e non concesso che queste "cedano" i diritti di utilizzare la loro immagine per questo motivo.

Personalmente è uno sviluppo che ritengo possibile, ma è pur sempre la finzione della finzione. Una finzione di secondo grado. Per ora, lo stato dell'arte resta quello legato ad aziende come RealDoll e Realbotix che producono bambole per adulti dotate di intelligenza artificiale, espressioni facciali e capacità di conversazione. L'iconico robot sessuale di Realbotix, Harmony, che può costare fino a 12.000 dollari, ha persino ricevuto un aggiornamento che aggiunge una funzione di conversazione sul coronavirus (mah!), in aggiunta ad altre funzionalità sicuramente più stuzzicanti: è dotata di 18 tipi di personalità, 42 disegni di capezzoli e 14 labbra lavabili in lavastoviglie tra cui scegliere. Può essere programmata per raccontare barzellette, recitare poesie e ricorda sempre il vostro compleanno.

E non pensate che sia solo un fenomeno maschile. Se i peni bionici fanno per voi, l'azienda di sexbot RealDoll ha progettato anche una bambola maschile completamente personalizzabile. Tecnologicamente potrebbe non stupirvi, ma in realtà è un buon segno che la tecnologia affronti il sesso sia dal punto di vista dell'uomo che da quello della donna.

E, per la cronaca, da Hong Kong a Las Vegas, i bordelli di bambole gonfiabili sono ormai una realtà. La prima causa di appuntamenti di bambole sessuali in Europa, aperto a Barcellona, attira circa 55 clienti ogni settimana. Interessante, ma ancora lontano dal diventare mainstream.

MEDICINA RIGENERATIVA

Ma l'ultima frontiera cui prestare attenzione è, in realtà, la medicina rigenerativa. Mentre gli interventi di ricostruzione e trapianto genitale si affidano per lo più a donatori di organi, la biostampa 3D e l'ingegneria tissutale finiranno per eliminare il collo di bottiglia causato dalla scarsa disponibilità. I medici del Wake Forest Baptist Medical Center hanno già creato e impiantato vagine cresciute in laboratorio in donne con aplasia vaginale. Il centro ha anche bioingegnerizzato e impiantato tessuto erettile del pene da conigli. Dall'aspetto puramente medico a quello estetico il passo è breve.

Nei prossimi decenni, la medicina rigenerativa aiuterà sempre più persone a superare lesioni e disfunzioni sessuali. Ma avremo anche la possibilità di personalizzare il nostro corpo per ottenere un'estetica sessuale a noi gradita ed una maggiore beatitudine erotica. Infine, i microchip e gli impianti collegati a Internet offriranno anche incredibili possibilità alle persone che desiderano fondersi con le macchine per diventare cyborg sessuali. Insomma, c'è chi vuole correre più veloce, chi sollevare pesi maggiori e chi si allungherà il pene o ritoccherà l'estetica del proprio organo sessuale in svariati modi.

Paradossalmente, questa realtà mi sembra più probabile del sesso con i robot. Il suo legame con la scienza e la medicina, unito al desiderio degli individui di "migliorarsi" potrebbe avere presa su un'ampia parte di popolazione sufficientemente abbiente. Non sono riuscito a trovare statistiche affidabili su questo tema del "sex design", se non affermazioni generiche che è in crescita esponenziale. E in linea di principio, mi sembra assolutamente plausibile.

CONCLUSIONI

È abbastanza evidente che il sesso è sempre più slegato dal concetto di procreazione. Ed è altrettanto evidente che molti non si chiedono nemmeno il perché fanno sesso, è un tema di benessere personale. Spinto da un radicale cambiamento di visione sul sesso, da tabù ad argomento di attualità. Anche se l'alone di segreto, vergona e titubanza a parlarne rimane molto diffuso.

La tecnologia entra nel mondo del sesso a gamba tesa. Il Sextech è un mercato di dimensioni importanti ed in crescita. Anche se piuttosto variegato. I contributi di realtà virtuale ed aumentata, piattaforme di incontro digitali ed un'ampia gamma di oggetti sempre più personalizzati, intelligenti ed interattivi si stanno fondendo insieme per garantire esperienze sempre più soddisfacenti.

I sex-robot umanoidi sono invece ancora una chimera: seppure in fase di forte sviluppo, per ora si riducono a bambole per adulti, pur sofisticate, ma ancora lontane dall'emulare un partner in carne ed ossa. Più che questo fenomeno, l'aspettativa a mio avviso più probabile, è invece l'avvicinamento della medicina rigenerativa a quella estetica. Se parlare di creazione di cyborg sessuali sembra troppo, almeno nei prossimi 30 o

40 anni, è invece molto concreta la scelta di molti di ringiovanire, allungare e ritoccare i propri genitali, per vanità o per maggior piacere.

ROBOT E OLOGRAMMI DOMESTICI

UNA FICTION PROLIFICA

La fiction sui robot domestici inizia nel lontano 1893, quando tale Marie Luise Campbell scrive una storia breve intitolata "The Automatic Maid of All Work". Maid in inglese significa domestica. L'epoca appare lontanissima, ma non dimenticate che si trattava di un periodo prolifico per l'immaginazione umana; le opere visionarie di Jules Verne, per esempio, erano già sul mercato da un ventennio. In questo caso i protagonisti della storia sono il benestante John Matheson e sua moglie, che hanno qualche difficoltà economica a mantenere una domestica. Per accontentare la moglie piuttosto pretenziosa, l'inventore lavora nel suo laboratorio per perfezionare la sua nuova idea: una "cameriera-tuttofare" meccanizzata. Il robot è alimentato da una batteria elettrica, ha una faccia con pulsanti numerati che aiutano a "programmarlo" e a farlo funzionare, e ha braccia come mulini a vento. All'inizio l'androide sembra funzionare bene, svolgendo tutti i suoi compiti domestici in modo efficiente, anche se freddo. Poi Matheson inizia a fare qualche modifica nei cablaggi per farle svolgere più compiti ed ovviamente la domestica robot impazzisce, devasta la casa dei suoi proprietari, combina una quantità di danni nei giardini dei vicini ed infine cade in un ruscello distruggendosi.

Dalla narrativa di fine '800 ai "magazine" di metà secolo la strada è breve. Avrete di sicuro in mente le immagini delle riviste americane degli anni '60, dove robot umanoidi antropomorfi o meno, spesso vestiti con i gonnellini e le bluse tipiche dei domestici, svolgono i più classici lavori casalinghi, lavare i piatti, stirare, pulire per terra e rassettare la casa. La copertina di Popular Electronics del Dicembre 1958, in uscita a 35 cents, titolava senza mezzi termini "Christmas fun with electronic robots", mettendo in copertina due robot umanoidi intenti ad addobbare l'albero di Natale.

Nell'epoca della diffusione di massa di frigoriferi, televisori e di ogni sorta di elettrodomestico, il benessere e l'ottimismo a stelle e strisce sembrano rendere imminente l'arrivo di questo nuovo compagno casalingo. E se proprio non avete in mente qualche caso di retrofuture sul tema, non vi potrà essere sfuggita "Rosey the robot", l'iconica domestica dei Jetson / i Pronipoti, madre dei robot al nostro servizio, animazione lanciata negli USA nel lontano 1962 dalla storica casa Hanna-Barbera.

Qualche tempo dopo, l'Italia non è da meno. Nel famoso film di Alberto Sordi, "Io e Caterina" del 1980, Caterina è un robot domestico dalle fattezze femminili, che il protagonista decide di comprarsi per garantirsi la giusta autonomia e la possibilità di vivere da solo, senza l'opprimente presenza di moglie, amante e domestica in carne ed ossa. Il robot sarà però geloso delle avventure e dei riavvicinamenti dell'Albertone nazionale, rivelandosi forse anche peggiore delle controparti umane.

Potrei parlarvi per ore di robot al cinema, ma la verità è che di fiction si trattava allora e di fiction si tratta ancora oggi. I robot domestici, così come li abbiamo visti al cinema, non esistono ancora.

ASIMO ED I SUOI FRATELLI

Oggi nel mondo esistono, si stima, circa 18 milioni di cosiddetti robot domestici, a volte definiti home robot o social robot. Sfortunatamente, non hanno nulla a che fare con i robot umanoidi intelligenti ed interattivi in grado di svolgere molteplici compiti complessi nelle nostre case, al massimo abbiamo robot funzionali, specializzati nello svolgere una singola attività. Stiamo parlando di robot da cucina, aspirapolvere e tagliaerba evoluti capaci di muoversi in autonomia e riconoscere ostacoli. Nelle versioni più social, sono macchine in grado di assistere persone fragili, occupandosi di compagnia, monitoraggio, sicurezza ed assistenza medica. Ma non molto di più.

Forse ci eravamo abituati troppo bene in passato, perché in principio fu Asimo. Visto che parliamo di un progetto che è andato avanti ininterrottamente dal 1986 al 2018, probabilmente vi sarete imbattuti nelle meravigliose immagini di Asimo, il robot umanoide della Honda che sembrava un astronauta con lo zainetto, che ha giocato a calcio con Barack Obama, è comparso in vari programmi televisivi, ha fatto un tour delle università americane per incoraggiare gli studenti ad appassionarsi alla scienza... oltre ad essere caduto dalle scale, perché non tutti i test che ha fatto sono proprio andati benissimo, ma hanno consentito di imparare. Su Asimo si potrebbe fare una puntata ad-hoc, perché le centinaia di funzionalità che i ricercatori hanno sviluppato sia lato software che hardware, sono una pietra miliare della robotica. Mi prendo un minuto per raccontarvene alcune, non per far sfoggio di conoscenza, sono tutte descritte su internet, ma per far capire quale sia la complessità che i programmatori devono affrontare per realizzare robot umanoidi domestici.

Asimo è stato il primo robot ad incorporare una tecnologia che gli permetteva di anticipare in tempo reale il suo prossimo movimento e spostare di conseguenza il suo centro di gravità in anticipo. Sembra banale, ma la capacità di coordinamento dei motori che componevano le sue 32 articolazioni, era un primo elemento chiave. Grazie al quale è arrivato a saltare su una gamba sola, camminare a 9 kmh, salire e scendere scale e rampe inclinate, ma più che altro fermarsi senza cadere e girare o svoltare senza interrompere la camminata, esattamente come farebbe un essere umano.

Con le mani e con le braccia era in grado di accendere interruttori della luce, spingere carrelli, aprire porte e trasportare oggetti. Grazie a sensori che facevano "percepire" la forza muscolare, la pressione e gli angoli di movimento delle articolazioni, Asimo era in grado di spostare un bicchiere di vetro pieno di liquido senza romperlo o rovesciarlo, ed uno di plastica senza schiacciarlo.

Infine, tra le tante cose, Asimo era dotato di telecamere per una visione stereoscopica e di un algoritmo proprietario che gli consentiva di individuare oggetti noti all'interno del suo database, fermarsi all'avvicinarsi di ostacoli sul suo cammino, oltre che a riconoscere visi familiari ed interpretare alcuni gesti delle mani di un umano, come un saluto o un ordine di stop.

Tantissime funzionalità, ma è utile sapere che comunque Asimo doveva essere programmato ad-hoc per svolgere compiti complessi, in ambienti non strutturati e quindi non interamente conosciuti, come sono quelli nei quali si muove un essere umano qualsiasi. E dico "doveva", perché nel 2018 Asimo è andato "in pensione". Il suo patrimonio oggi continua a vivere in nuove generazioni di robot, ma il progetto in sé della Honda è terminato.

Dopo Asimo i progetti più notabili sono stati quelli di iRobot, poi acquistata da Amazon, costruttore dei famosi aspirapolvere Roomba e Dyson che opera sempre nel campo delle pulizie domestiche. In grande crescita anche i robot evoluti da cucina, tipo Moley, che dotati di bracci robotici, dita articolate ed algoritmi di visione avanzatissima, sono in grado di riconoscere i cibi, tagliarli e disporli per la cottura, mettere una pentola sul fuoco, girare hamburger e fare una lunga serie di attività pre-codificate utili a cucinare migliaia di ricette. Ottimi in ambienti professionali, in realtà possono già essere usati in ambienti domestici, a patto che la vostra cucina abbia la possibilità di appendere il robot a binari aerei che gli consentano di spostarsi tra cassetti, lavandini, ripiani e superfici di cottura.

Con forme vagamente umanoidi, invece, è da segnalare il progetto danese di Anna che ha le forme di un torso allungabile (senza testa) con due braccia e mani dotate di cinque dita ed una base con ruote per il movimento, che mira a svolgere compiti decisamente più complessi come svuotare una lavastoviglie e riordinare gli oggetti estratti; il tutto attraverso comandi vocali.

L'altro nome sugli scudi è sicuramente quello di Boston Dynamics. A partire dai robot quadrupedi, oggi ampiamente usati per funzioni di controllo e monitoraggio in particolari in esterni, fino ad Atlas, il primo robot umanoide pomposamente definito "robo sapiens", dotato di quattro arti e di capacità di sollevamento pesi (di fatto è un esoscheletro evoluto), questa azienda ha fatto passi da gigante nel campo del movimento. I suoi robot possono muoversi su terreni accidentati, fare capriole da fermi all'indietro, correre, saltare e svolgere una vasta gamma di attività dove il movimento è il cuore dell'operazione da svolgere.

Una menzione importante ovviamente la merita il robot umanoide di Tesla, Optimus. Ne ho già parlato ampiamente a The Future Of, quindi non mi dilungherò in questa sede, ma è evidente che gli ingegneri di Elon Musk stanno già affrontando la pletora di problemi che ci aspettavamo. Lo show di settembre 2022 ha presentato prototipi ancora abbastanza poveri, con movimenti che hanno sfiorato il ridicolo. Nonostante le solite dichiarazioni roboanti del magnate americano, il percorso è ancora lungo. Tesla vuole utilizzare Optimus nei suoi stabilimenti in prima battuta, e non ho dubbi che diventerà performante nel sollevare pesi, spostare oggetti e muoversi in un ambiente industriale, ma comunque ci vorrà qualche anno. Da lì in poi non va trascurato che il passaggio dai compiti ripetitivi nell'ambiente conosciuto di una fabbrica a quelli di uno destrutturato come una casa richiederanno molto più tempo. Per Optimus in casa serviranno ottimisticamente almeno una ventina d'anni. Forse di meno, se Tesla cooperasse con altri operatori di robotica più avanzati di lei. O se li acquistasse.

Potremmo ovviamente stare qui una giornata intera a raccontare i più svariati prototipi sul mercato, ma il concetto importante che deve passare adesso è che la realizzazione di robot umanoidi richiede la convergenza nello sviluppo di una miriade di tecnologie (movimento, presa, vista, udito, linguaggio etc...), che hanno raggiunto ciascuna frontiere notevoli rispetto a 10 o 20 anni fa, ma che aggregare e modellare insieme richiederà ancora molto tempo.

ROBOT

Serve allora fare un ragionamento ed un distinguo per parlare di futuro. Perché oggi qualcuno entra nelle nostre case? Sostanzialmente o per svolgere compiti pratico-manuali (come, per esempio, le pulizie o le riparazioni), o per motivi relazionali (penso ad amici, parenti e partner). I primi devono saper svolgere attività ripetitive e relativamente standardizzate: pulire i pavimenti, lavare superfici, specchi e vetri, rifare i letti, stirare, riordinare, sparecchiare, caricare e svuotare una lavatrice o una lavastoviglie, eventualmente cucinare. I secondi svolgono invece attività prevalentemente intellettuali: chiacchierare, intrattenere, fare compagnia, dare consigli, motivare o consolare, insegnare e, nel caso dei partner, tutte le precedenti più il sesso.

Dato che i robot, come tutti i prodotti commerciali, dovrebbero nascere per soddisfare un bisogno, è importante allora capire che le tecnologie alla base dell'esecuzione di compiti manuali ed intellettuali sono profondamente diverse. E non è nemmeno detto che debbano operare insieme.

Per svolgere un compito apparentemente semplice come sparecchiare una tavola, un robot deve avere capacità straordinarie. Proviamo a scomporre le abilità, così ci capiamo meglio. Deve riconoscere gli oggetti sul tavolo. Li deve suddividere in quelli che vanno buttati, spostati o messi in lavastoviglie. Se ho una piantina a centro tavola, la dovrà rimettere in salotto, dove probabilmente si trova di solito. Se sul tavolo è avanzata una bottiglia di vino, dovrà tapparla e posizionarla altrove: probabilmente in frigo se è un bianco e su qualche ripiano a temperatura ambiente se è un rosso. Se invece ne è avanzato solo un dito forse dovrà svuotarlo nel lavandino. E ovviamente per manipolare una bottiglia dovrà capire se è di vetro o di plastica e magari attivare un alert se si tratta di olio, che può essere scivoloso. Inoltre, dovrà buttare gli avanzi di cibo nell'umido; la plastica, il vetro e la carta negli appositi contenitori. Poi dovrà mettere pentole, piatti, bicchieri e posate in lavastoviglie, magari dopo averli sciacquati, e ricordiamoci che il contatto tra l'acqua ed un robot fatto di materiale elettronico non è un problema trascurabile. Poi dovrà piegare la tovaglia, scopare le briciole da terra, detergere la superficie del tavolo ed infine lanciare il programma giusto della lavastoviglie.

Riuscite a capire quanto complessi siano questi compiti? E pensate a rifare un letto, pulire per terra, estrarre la biancheria dalla lavatrice, stenderla e stirarla, mettere ordine in camera dei ragazzi e chi più ne ha più ne metta. Ovviamente potremmo pensare che un robot abbia già "pre-caricate" le funzionalità per fare il tutto. Ma non sarà così. Avrà disponibili alcune funzioni base, ma una componente di apprendimento sul campo sarà la determinante del suo successo. Del resto, ogni casa è diversa dalle altre, quindi anche se i tecnici insegneranno ai robot in ambienti di test, il perfezionamento dovrà avvenire in loco.

In realtà ai programmatori basterà sperimentare un robot in ambienti di test e poi tutto quello che avrà imparato potrà essere caricato sui robot successivi, senza farli ripartire ogni volta da zero. L'umano farà poi le attività in modo che il robot guardi ed impari le specificità di ciascuna casa: dove sono i cassetti, i pensili, cosa contengono, come funziona la lavastoviglie, dove si trova il letto, le lenzuola ed i cuscini e così via. In compenso, tutto ciò che i robot avranno appreso in un solo giorno nel mondo, diventerà patrimonio comune per l'aggiornamento successivo.

Anzi personalmente ritengo che i robot inizialmente avranno delle funzioni base, e gli utenti potranno poi scaricare delle "routine", cioè delle funzionalità aggiuntive, un po' come accade con le app di un telefono o le skills di Alexa. Potrebbe essermi utile che il robot faccia le pulizie dei pavimenti e dei vetri, gestisca la lavatrice e riordini i cassetti, ma sparecchiare e fare i letti continuerò a farlo io in prima persona. In modo che ciascuno possa trovare il suo mix adatto, magari andando per gradi.

Cercando di rispondere invece ad un'altra domanda cruciale: è necessario che i robot abbiano forma umanoide? A mio avviso sì. Le nostre case sono pensate, ovviamente, per l'uomo e quindi le altezze, gli spazi, l'illuminazione, gli ingombri e le dimensioni delle cose sono a nostra misura. Se un robot dovrà svolgere i molteplici compiti di un essere umano, la forma umana sarà già ottimizzata. È vero che alcune forme non antropomorfe potrebbero essere anche più adatte all'esecuzione di alcuni task, ma è anche vero che un robot potrà avere caratteristiche aumentate rispetto all'uomo. Mi spiego. Per pulire il water, per esempio, un robot potrebbe avere anche la forma di un bidoncino alla R2-D2 di Star Wars, magari con un solo braccetto per alzare il la tavoletta, spruzzare il detergente all'interno e passare uno straccio, ma sarebbe sostanzialmente specifico solo per quel compito. Come del resto un Roomba qualsiasi può pulire un pavimento, in maniera più o meno sofisticata, ma non riuscirà mai a lavare il vetro di una finestra. Un robot che dovrà lavare un vetro, magari raggiungendo altezze superiori a quelle che può raggiungere un uomo, potrà semplicemente avere un braccio o un tronco che si allungano.

Personalmente gradirei una forma umanoide, ma non necessariamente le sembianze umane perfette. Se un robot provasse ad imitare un uomo senza esserlo perfettamente, francamente mi darebbe anche un po' fastidio averlo in casa. Oltre probabilmente ad aggiungere una componente di costo data dalla sofisticazione, spesso inutile. Cosa mi importa se ha una pelle, se ha nel viso 36 motori che simulano la mimica facciale o ha dei bellissimi capelli, quando gli devo chiedere di pulire un water o buttare il cibo avanzato nell'umido. Se avesse anche solo le fattezze dell'avanzatissimo robot Sophia, che genera ancora quell'effetto di inquietudine che gli esperti definiscono "uncanny valley", probabilmente mi sentirei abbastanza a disagio.

OLOGRAMMI

Se volessi nella mia casa qualcosa che assomiglia e si comporta quasi perfettamente come un essere umano, specialmente dal punto di vista intellettuale, non comprerei un robot, ma un sistema di generazione di ologrammi. Insomma, se deve essere in tutto e per tutto uguale ad un uomo, o ad una donna, un ologramma ed un sistema di intelligenza artificiale si comporterebbero meglio di un robot di latta e circuiti.

Non stiamo parlando di ologrammi impalpabili, di luci azzurrine o verdi sospese nell'aria tipo la principessa Leia in Star Wars, o di oggetti sovrapposti alla realtà ma visibili solo grazie ad appositi visori. E nemmeno di oggetti statici in esposizione in teche dedicate, come forse avete visto a fiere ed eventi. Men che meno di giochini di immagini che escono dal vostro smartphone con occhialini 3D o la famosa piramide.

Qui sto parlando di immagini tridimensionali umane perfettamente in grado di entrare e muoversi nel vostro ambiente domestico, oltre che di avere un dialogo ricco di significato con voi.

Suddividiamo il tema: immagine da una parte, dialogo con significato dall'altra. L'immagine è chiaramente in divenire. Oggi proiettori olografici dedicati e computer con capacità computazionale sempre più alta sono già in grado di produrre immagini realistiche, osservabili da ogni angolatura e perfettamente calate in uno spazio predefinito. Questo spazio è spesso il palco di un teatro o uno di quei box dedicati con un vetro frontale, all'interno dei quali figure umane perfette si muovono e dialogano con i presenti. Ma da spazi costruiti appositamente per gli ologrammi, ad entrare nelle nostre case, non siate troppo ottimisti... servirà ancora molto tempo.

In poche parole, gli ologrammi sono immagini tridimensionali generate da fasci di luce interferenti che riflettono oggetti reali e fisici. A differenza delle proiezioni 3D convenzionali, gli ologrammi possono essere visti a occhio nudo. Se gli oggetti di partenza sono persone e la generazione dell'immagine avviene attraverso software, un modello umano in azione potrà essere sostanzialmente proiettato ovunque. Se l'intelligenza artificiale consentirà a tale modello di muoversi e comportarsi in maniera congrua con l'ambiente circostante, quell'ologramma potrà sedersi sul vostro divano in salotto esattamente come farebbe un amico in presenza. Ma non correte. Probabilmente in prima battuta ci dovremo accontentare di un mezzo busto statico alla Casper che oscilla in camera, oppure di un compagno virtuale racchiuso in una teca molto sofisticata.

L'Epic Cabinet della startup Portl è la cosa più simile esistente oggi al mio pensiero sul futuro. Il cabinet è appunto una sorta di armadio da 180 kg alto poco più di 2 metri, largo 1,5 e profondo 60 cm, all'interno del quale compare un ologramma in 3D a grandezza naturale di un essere umano. A colori assolutamente naturali. È di fatto una proiezione in 3D di una persona fisica che una telecamera in 4K sta riprendendo altrove e proiettando sotto forma di ologramma nel cabinet. Con latenze sotto i 100 millisecondi, una buona connessione internet ed un sistema audio appropriato, sembra di parlare con una persona reale dietro un vetro. In qualsiasi condizione di illuminazione. Quando quel "vetro" sarà diventato quasi invisibile ed invece di proiettare una persona reale locata altrove, l'immagine sarà creata e mossa da un software, saremo molto vicini alla mia aspettativa.

L'idea che l'ologramma ci possa seguire mentre ci spostiamo nella casa, invece, è ancora lontano dalla realtà; la quantità di schermi, proiettori e superfici dedicate, oltre al costo, renderebbe il tutto piuttosto proibitivo. Oggi il prezzo di Portl si aggira attorno ai 60.000 dollari, mentre la concorrente ARHT si fa pagare prevalentemente con un modello ad abbonamento che varia tra i 15.000 ed i 40.000 dollari annui a seconda del numero di proiezioni acquistate, ma un modello di mini Portl è già allo studio e comunque l'obiettivo della startup californiana è portarlo sotto i 2.000 dollari, meno della metà dell'attuale prezzo di un ottimo televisore 4K sopra gli 80 pollici. Una tecnologia che, quindi, nei prossimi anni potrebbe diventare ragionevolmente accessibile.

In compenso la "personalizzazione" del soggetto mostrato sarebbe estrema. Oltre al modello base, la scelta diventerà ampia, potrà essere anche un personaggio famoso (diritti permettendo), piuttosto che un eroe dei fumetti o della fiction televisiva. Ed in linea di principio potrà avere abbigliamento, capigliatura, occhiali, gadget ed infinite altre varianti tali da renderlo ogni giorno leggermente diverso, esattamente come siamo noi. Se l'intelligenza artificiale gli consentirà di personalizzare le sue risposte tarandole su di noi e sul nostro umore, man mano che impara a conoscerci, potrà diventare davvero un compagno interessante.

Anche qui però, purtroppo, parliamo di un orizzonte non brevissimo. Se avete in casa Alexa e le fate una domanda o un'affermazione appena appena ricca di significato, tipo "oggi mi sento giù di morale", bene che vada vi ritornerà qualche frase tradotta da qualche sito di psicologia spiccia. Non c'è dubbio che un amico in carne ossa indagherebbe perché, vi aiuterebbe a trovare una motivazione, esprimerebbe una parola di conforto e magari sarebbe pronto ad aiutarvi in concreto, magari invitandovi a cena o al cinema per distrarvi. L'interazione è tutta un'altra cosa.

Da questo punto di vista, le applicazioni più avanzate oggi, almeno a livello consumer sono le app che propongono le famose fidanzate virtuali. I vari avatar nell'app sono dotati di una personalità propria, parlano con voce suadente o almeno con una connotazione emotiva molto chiara, possono esprimere sentimenti, ma più che altro riconoscere i vostri dal tono di voce o da quello che scrivete. Ed i modelli più avanzati imparano dall'interazione con l'utente e si comportano di conseguenza. Se non credete che questi chatbot siano così avanzati, vi basti sapere che una startup italiana che realizza tali strumenti per i servizi cliente aziendali, ha dichiarato già un paio d'anni fa che circa 1 cliente su 5 ci ha "provato" con il bot, pensando di avere dall'altra parte della cornetta una vera signorina. E parliamo di un bot professionale, figuriamoci cosa sarebbe successo se le avessero programmato un profilo appena più accomodante o suadente.

L'AI chiamata Replika è probabilmente il paradigma di questa possibile creazione di un rapporto empatico tra uomo e macchina. Certo, in quel caso è proprio quello il suo scopo, ma siamo più avanti di quanto pensate. E, per la cronaca, qual è stato l'ultimo sviluppo di Replika? Utilizzare la realtà aumentata, se disponete della tecnologia giusta, per portare nel vostro salotto l'immagine della ragazza scelta per le conversazioni che prima avevate solo sullo smartphone. Tutto torna, insomma.

CONCLUSIONI

La prospettiva di avere robot umanoidi al nostro servizio nelle nostre case è ancora molto lontana nel tempo. Ad oggi, nessun costruttore di androidi dispone da solo della tecnologia per far svolgere alla sua macchina, e bene, una grande quantità di compiti complessi e da svolgersi in ambienti destrutturati. Per avere dei robot domestici dovremo attendere la convergenza di diverse tecnologie su movimento, camminata, udito, vista, presa di oggetti, dialogo etc... che non sono ancora ottimizzate e sono comunque nelle mani di diversi player. In compenso la presenza di un champion ricco ed ambizioso, come Tesla con Optimus potrebbe accelerare il processo. Anche se i primi prototipi non sono un granchè, tutto sommato sono stati sviluppati in meno di due anni, che è già un record.

Per quanto riguarda invece il rapporto intellettuale tra uomo e robot, non sarà per nulla necessario avere un umanoide fisico, basterà la prossima generazione di ologrammi dotati di intelligenze artificiali e capacità di dialogo tali, da creare empatia fra le parti.

Prima che questi robot diventino qualitativamente eccellenti per stare nelle nostre case, probabilmente ci vorrà almeno una ventina di anni. Prima che i prezzi si abbassino così tanto da farli diventare di massa come un televisore o un frigorifero ancora più tempo. Se togliamo il layer fisico e la sua grande complessità di sviluppo invece, potrebbero arrivare prima gli ologrammi evoluti, capaci di dialogare, insegnare e farci da assistenti virtuali su una pletora di argomenti specifici.

IL FUTURO ESTREMO DELLE MEGACITTA'

DI COSA STIAMO PARLANDO

Agglomerati urbani con oltre 10 milioni di abitanti. Questa è più o meno la definizione che gli esperti e le Nazioni Unite danno di megacittà. Il conteggio degli abitanti non è un tema banale, specialmente in contesti dove i sistemi di censimento non sono particolarmente moderni. Inoltre, lo stesso concetto di agglomerato non ha confini spaziali sempre perfettamente delineati. Secondo le fonti più accreditate comunque oggi ne esisterebbero circa 35. Se combiniamo Shenzen e Guangzhou, per esempio, stiamo parlando di circa 65 milioni di abitanti, Tokyo da sola ne conterebbe circa 38, ma anche Shangai, Delhi, Jakarta, Manila e molte altre superano facilmente la ventina di milioni, se non la trentina allargando leggermente i confini dell'area metropolitana. A fine di questo secolo, le previsioni dicono che la megacittà più popolosa sarà Lagos, in Nigeria, con 88 milioni di abitanti.

Ovviamente non ci interessa tanto la classifica in sé, quanto capire che il fenomeno è e sarà in crescita da qui ai prossimi decenni. Nel 1800, solo il 3% della popolazione viveva in città, oggi oltre 3 miliardi persone su 8, numero che salirà a 5 entro il 2030, fino alle recenti stime che ci parlano di oltre due terzi della popolazione mondiale entro il 2050 (che nel frattempo sarà aumentata). E non saranno solo grandi, bensì mega.

Le sfide da affrontare sono tali e tante da far girare la testa a chiunque pensi di mettersi alla guida di uno di questi mostri tentacolari: traffico, inquinamento, povertà, invecchiamento, crimine, approvvigionamenti, energia e chi più ne ha più ne metta.

In realtà una megacittà produce sia benefici che malefici dall'aggregazione in un luogo solo di così tante persone. I malefici sono abbastanza ovvi: concentrazione del consumo di risorse ambientali, altissimi prezzi di terra, case e dello spazio in generale, incapacità dei servizi di stare al passo con la crescita e quindi produzione di nuove disuguaglianze e povertà, oltre all'aumento del potere delle aziende di fronte ad una tale abbondanza di forza lavoro. Ma anche i benefici non scherzano: economie di scala, concentrazione di conoscenze e competenze in un luogo, riduzione dei costi dei trasporti (anche se qui il tema è dibattuto), facilità di trovare forza lavoro e, per molti disperati, una possibilità di sopravvivenza o di darsi una chance di affermazione personale.

Non mi dispiacerebbe approfondire gli aspetti economici ed i modelli di gestione di realtà così complesse, ma The Future Of parla di tecnologie; quindi, in questa sede cercherò di fare una panoramica delle innovazioni e degli sviluppi che nel futuro consentiranno di plasmare lo sviluppo delle megacittà. E delle persone che ci vivranno. Mostrandovi però alcune tecnologie di nicchia ad alto potenziale, non le cose più ovvie come i veicoli elettrici e gli edifici moderni a risparmio energetico.

Prima di iniziare però, vorrei sfatare un mito. Il punto di partenza non è particolarmente incoraggiante. Sui siti e nei magazine, le città del futuro ci vengono spesso presentate come bellissimi luoghi verdi, con edifici modernissimi, alimentate in maniera sostenibile, assistite da tutte le nuove tecnologie come l'IoT ed il 5G, ricche di servizi ed opportunità e così via. Ecco dimenticatevi di questa visione edulcorata, le megacittà del futuro saranno spesso slums, aggregati di povertà proveniente dalle zone di immigrazione rurale, ricche di inefficienze ambientali e con infrastrutture spesso incapaci di stare al passo con la velocità di crescita degli abitanti. Ci vorrà tempo per farle diventare luoghi migliori.

Vediamo alcune di queste grandi sfide, in particolare inquinamento ed energia e come la tecnologia potrà, almeno in parte, dare una mano.

I MEGAPROBLEMI DELLE MEGACITTA': L'INQUINAMENTO

La concentrazione di persone e attività eserciterà uno stress crescente sull'ambiente naturale, con impatti a livello urbano, regionale e globale. Negli ultimi decenni, l'inquinamento atmosferico è diventato uno dei problemi più importanti delle megalopoli. Inizialmente, i principali inquinanti atmosferici erano i composti dello zolfo, generati principalmente dalla combustione del carbone. Oggi, lo smog fotochimico, indotto principalmente dal traffico, ma anche dalle attività industriali, dalla produzione di energia e dai solventi, è diventato la principale fonte di preoccupazione per la qualità dell'aria, mentre lo zolfo è ancora un problema importante in molte città del mondo in via di sviluppo.

La tecnologia può aiutare, ma le ricerche fatte finora dimostrano che la due componenti principali di una strategia di successo su questo fronte sono di natura organizzativa: la volontà e la capacità di azione politica ed il dialogo pubblico. Ogni città ha infatti le sue peculiarità: posizione geografica, meteorologia, fonti di emissione, risorse umane e finanziarie e capacità istituzionale. Insomma, una ricetta "one-fits-all" non esiste.

La prima tecnologia utile, per iniziare, sarà quella che permette di monitorare i fenomeni. Prima conoscere, poi agire. Già oggi esistono una pletora di sensori che possono essere installati nei luoghi più disparati di una città per rilevare la concentrazione delle più svariate sostanze, sia nell'aria che nell'acqua. Alcuni sono posizionati in stazioni fisse dedicate, altri su palazzi e lampioni, altri nelle tubature dell'acqua per evitare sprechi. Si diffonderanno sicuramente anche quelli collocati su mezzi in movimento, come le biciclette in sharing o sugli autobus (sperabilmente elettrici), in modo da avere una mappa sempre aggiornata in tempo reale. Il vero "salto di qualità" però, lo vedremo quando il sistema di raccolta dei dati sarà decentralizzato, cioè, affidato ad oggetti privati di uso comune, connessi in rete. In Italia, per esempio la startup Wiseair ha lanciato da tempo il vaso Arianna, che oltre a svolgere le normali funzioni di un vaso da balcone, dispone di sensori per monitorare l'aria e lo smog urbano. Lo stesso concetto, in linea teorica, potrebbe applicarsi alle antenne condominiali, alle parabole o ai motori dell'aria condizionata sui balconi, o alle insegne di un negozio lungo la strada e così via, ottenendo di fatto lo stesso risultato (se non meglio) di un'infrastruttura centralizzata, ma senza costi a carico dell'amministrazione pubblica. Senza dimenticare che, per analisi su aree più ampie, anche la tecnologia satellitare era e resta a disposizione.

Una sufficiente diffusione dei sensori ed una buona raccolta di dati potrebbero anche servire per prendere iniziative immediate e non solo prospettiche. Alcune megalopoli asiatiche stanno adottando una posizione severa nei confronti del tema. Hong Kong, che si colloca a metà classifica per l'inquinamento atmosferico a livello globale, ha migliorato la qualità dell'aria utilizzando sensori stradali azionati a distanza per identificare i veicoli che emettono alti livelli di inquinanti e richiedendo ai proprietari di tali veicoli di ripararli. I sensori installati sulle rampe autostradali utilizzano la luce infrarossa e ultravioletta per rilevare gli inquinanti atmosferici come il monossido di carbonio, l'ossido di azoto e gli idrocarburi provenienti dagli scarichi dei veicoli in transito. Una telecamera registra il numero di targa in modo da avvisare i proprietari di questi mezzi. Invece di ricevere una multa o un'accusa, questi devono riparare i loro veicoli e superare un successivo test sulle emissioni, entrambi a loro spese. Solo allora potranno tornare a circolare. Sembra una cosa da poco, ma colpendo i soli mezzi più inquinanti, ad Hong Kong sono già riusciti ad avere risultati tangibili sul livello di inquinamento locale.

A Jiangsu, altra megalopoli cinese, le previsioni settimanali dell'inquinamento influenzano le politiche governative. Quando si prevede che la qualità dell'aria peggiori a un certo livello, vengono emessi dei codici colore e il governo attua controlli predeterminati per contenere gli inquinanti. Un elenco specifico di aziende può essere costretto a ridurre la produzione in caso di allerta gialla di basso livello. In caso di codice arancione, sarà vietata la circolazione di alcuni veicoli. In una situazione estrema di codice rosso, le acciaierie e i cementifici possono essere costretti a ridurre la produzione o a chiudere del tutto e l'edilizia può essere interrotta per ridurre le polveri. Insomma, azioni ad-hoc.

Sempre restando sul tema dell'inquinamento da smog, l'altra tecnologia in grado di aiutare la mitigazione del fenomeno è l'uso di sostanze mangia-smog. Strade e marciapiedi, vista la grande percentuale di superficie rappresentata in città, offrono una grande possibilità di pulizia dell'aria. Le strade che mangiano smog utilizzano biossido di titanio (TiO2), che con l'aiuto della semplice luce e grazie ad un "normale" processo di ossidazione, decompongono gli ossidi di azoto circostanti. A volte note come pavimentazioni fotocatalitiche, si tratta di fatto di autobloccanti che non perdono la loro capacità nel tempo dato che agiscono solo come attivatori del processo e lasciano al suolo le sostanze "decomposte" e non tossiche che poi vengono dilavate dalla pioggia. I Paesi Bassi hanno aperto la strada alla pavimentazione che mangia smog nel 2013, e sono poi stati seguiti da alcune città statunitensi come Chicago e Orlando che da allora l'hanno testata e poi adottata.

Lo stesso principio può essere utilizzato anche nella realizzazione di edifici e nelle vernici. Il biossido di titanio, infatti, può essere presente su molti materiali da costruzione come piastrelle, cemento ed appunto vernici. Nel 2015 è stato presentato a Milano il Palazzo Italia, costruito con cemento misto a TiO2. Allo stesso modo, Città del Messico ha un famoso edificio ospedaliero chiamato Torre de Especialidades che ha una "facciata disinquinante" lunga 100 metri coperta dalle stesse piastrelle mangia-smog.

Negli USA, il Berkeley Lab ha progettato granuli fotocatalitici per tegole dei tetti. Le tegole che mangiano smog sono una soluzione emergente e con grande potenziale poiché circa l'80% delle case statunitensi utilizza tegole, offrendo una vasta superficie di pulizia dell'aria inquinata.

Le autostrade inglesi, invece, stanno testando a Manchester dei tunnel autostradali verniciati con materiali in grado di assorbire i fumi e proteggere i residenti nelle vicinanze. Lo stesso concetto di tunnel è stato utilizzato nei Paesi Bassi e, su scala minore, in Cina. Il problema di un roll-out su vasta scala è solo questione di costi, ma usato selettivamente in certi luoghi ad alto traffico potrebbe essere utilissimo.

Ecco perché, una soluzione alternativa, anche se su scala più piccola sono le Smog Free Tower, tecnologia già lanciata in paesi altamente urbanizzati e industrializzati come Cina, Corea del Sud, Paesi Bassi, Polonia e Messico. La Smog Free Tower è una sorta di aspirapolvere antismog alto circa 7 metri che utilizza la tecnologia di ionizzazione per produrre aria priva di smog negli spazi pubblici. Pulisce circa 30.000 metri cubi di aria ogni ora e funziona con elettricità verde. È un'ottima soluzione locale per aree pubbliche come parchi, giardini e aree giochi.

Urban Air Purifier, ha sviluppato macchinari che, attraverso una combinazione di filtri, catalizzatori e reazioni chimiche, aspirano l'aria inquinata e la restituiscono pulita all'atmosfera urbana. L'azienda produce dispositivi di diverse dimensioni da installare per strada o in spazi pubblici come aeroporti, centri commerciali o stazioni della metropolitana.

La nostra ENEA ha testato il CityTree, un'infrastruttura mobile, una sorta di pannello ricoperto di muschio, che ha ciascuno la capacità di assorbire fino a 240 tonnellate di Co2 in un'area di circa 200 metri quadri nei dintorni del pannello. Un effetto potenziale equivalente a 275 alberi.

L'Italia non è nuova nemmeno alle tecnologie di tetti e facciate verdi, che sono l'altra soluzione verde di potenziale grande impatto. Il Bosco Verticale di Milano è il primo esempio di foresta verticale con oltre 21.000 alberi, ma in altre città hanno fatto decisamente di più, cambiando le regole del gioco. A New York per ogni nuovo edificio privato e commerciale e per ogni ristrutturazione, i tetti verdi sono diventati obbligatori per legge. Già 730 edifici si sono attrezzati, ma pensate, rappresentano solo lo 0,15% dello spazio potenziale di New York City. Il potenziale è enorme ed i benefici giganteschi. I tetti verdi assorbono le piogge abbondanti e forniscono agli edifici un ulteriore strato di isolamento, che può mantenere gli spazi interni più confortevoli, aumentando l'efficienza energetica e riducendo l'impronta di carbonio. Inoltre, combattono l'effetto isola di calore urbana e migliorano la qualità dell'aria che respiriamo. Mi auguro che i finanziamenti pubblici, vadano sempre più a supporto di questa iniziativa.

Insomma, torniamo ad un vecchio concetto, forse fin banale, ma sempre attuale. Piantare alberi è una delle soluzioni più efficaci contro l'inquinamento. Mettiamoli sui tetti, sui balconi, in strada o dove volete, ma facciamolo.

Melbourne ha preso un'iniziativa lanciando un sito web chiamato Urban Forest Visual. Questo sito consente ai residenti di piantare un albero, di tracciarlo e di condividerlo sui social network. La buona notizia è che la strategia ha avuto un discreto successo e ha portato la città ad avere una copertura arborea del 22%, che si prevede raddoppierà entro il 2040. Allo stesso modo, a Singapore, i superalberi dei Gardens by the Bay sono caratterizzati da pratiche sostenibili, come la raccolta di energia solare e la funzione di recipienti per lo scarico dell'aria. Tecnologici o naturali, servono più alberi.

L'ENERGIA: IL GAME CHANGER È QUI

Se pensate che l'energia sia un tema da affrontare prevalentemente a livello pubblico, parlando di energie rinnovabili, centrali nucleari, smart grid o simili, in realtà un possibile "game changer" ad uso praticamente privato potrebbe essere già qui.

Il vetro solare. Pensate se ogni finestra di un grattacielo o di un'abitazione potesse generare energia! Questa è la promessa del vetro solare, una tecnologia emergente che sta ottenendo molto interesse nei circoli del design e della sostenibilità. Proprio come dice il nome, il vetro solare è un materiale per finestre adeguatamente trasparente, che cattura l'energia del sole e la converte in elettricità. Secondo le proiezioni della Michigan State University, esistono da 5 a 7 miliardi di metri quadrati di spazio utile per le finestre nel Paese, sufficienti per alimentare il 40% del fabbisogno energetico degli interi Stati Uniti! Sono ottimista che le stime anche solo delle città italiane più moderne commerciali, ci direbbero che le solite Milano, Roma e Napoli potrebbero praticamente autoalimentarsi con questa tecnologia. Certo è che poi in Italia, probabilmente farebbero subito una legge che ci obbligherebbe a passare comunque dai grandi produttori elettrici, che invece con un adeguato investimento privato, potrebbero essere in gran parte disintermediati, mettendo fine ad un oligopolio decennale ed anche alle imposte sull'energia. Ancora una volta torna il tema del decentramento.

E allora perché fino ad oggi questa tecnologia non è ancora diffusa? Finora, il grande ostacolo è stato l'efficienza. Le celle solari ad alte prestazioni possono raggiungere un'efficienza pari o superiore al 25%, ma mantenere la trasparenza significa sacrificare l'efficienza con cui la luce viene convertita in elettricità.

Ma la ricerca sta facendo passi da gigante. Un'azienda olandese chiamata Physee ha dichiarato che sta installando 15.000 delle sue "SmartWindows" in edifici per uffici in tutta Europa (anche se per ora ha realizzato un solo palazzo). Si tratta di finestre che contengono sia celle solari che generano energia, sia sensori che aiutano a gestire il consumo energetico e il comfort dell'edificio. Secondo Physee, le finestre ridurranno i costi energetici degli edifici fino al 30%.

I pannelli solari trasparenti sono già in uso presso la Copenaghen International School, una scuola in Danimarca. L'edificio è ricoperto da 12.000 pannelli solari "colorati ma trasparenti", spiega il sito di ingegneria Interesting Engineering.

In ogni caso siamo ancora lontani da un'adozione in contesti domestici. La chiave per un futuro con vere finestre solari trasparenti potrebbe essere la nanotecnologia. Se si riuscissero a progettare le finestre con la tecnologia dei punti quantici, si potrebbe riuscire a sfruttare l'energia solare in quantità sufficiente, lasciando comunque passare la luce attraverso il vetro della finestra in cui sono inseriti i punti quantici. In teoria, i punti quantici incorporati nelle finestre di vetro sarebbero in grado di assorbire la luce e di riemetterla sotto forma di luce infrarossa verso le celle solari alloggiate ai bordi dei pannelli delle finestre, che verrebbero utilizzate per generare energia. Staremo ovviamente a vedere, se questa tecnologia ha grandi potenzialità, comunque, dall'altra avrà un costo non banale, probabilmente troppo alto perché si diffonda sistematicamente in tutte le nuove megacittà, specialmente quelle delle zone meno agiate del pianeta.

Cambiando tecnologia, non posso esimermi dal parlare del geotermale. Sappiamo che le energie rinnovabili come l'eolico e il solare sono considerate altamente potenziali per le megalopoli e sono fonti di energia elettrica altamente efficienti dal punto di vista dei costi, ma hanno anche alcuni difetti. Ad esempio, le turbine eoliche possono essere rumorose, hanno un impatto sull'ambiente fisico, sono esteticamente poco gradevoli ed il loro funzionamento dipende dalle condizioni atmosferiche. I pannelli solari, a meno che non siano installati sul tetto degli edifici o nei vetri, come appena raccontato, richiedono uno spazio considerevole. Le distese di pannelli solari non solo richiedono la riconversione del terreno e la potenziale distruzione delle aree adibite ad altri scopi, ma possono anche modificare la temperatura del suolo circostante con conseguenze in alcuni ecosistemi.

L'energia geotermica che purtroppo è raramente presa in considerazione, nonostante diverse megalopoli in tutto il mondo siano situate in regioni con un gradiente geotermico anomalo, offrirebbe una serie di vantaggi non trascurabili: la disponibilità 24 ore su 24, la non dipendenza dai cicli giorno/notte e dalle condizioni meteorologiche, l'elevato fattore di capacità, che conferisce stabilità alla rete e, soprattutto, l'ingombro ridotto sul territorio. In aree di scontro tra placche tettoniche, presenza di vulcani o altre fonti di calore nel sottosuolo, sarebbe una soluzione perfetta.

Se la teoria non vi basta, uno studio molto interessante del 2022, intitolato "Geothermal energy as a means to decarbonize the energy mix of megacities" ci dice che la geotermia potrebbe generare 1,14 volte l'energia necessaria da tutte le abitazioni private a Bogotà, 1,84 volte a Jakarta e addirittura 4,25 volte a Los Angeles. L'Islanda nel 2020 produceva un quarto del suo fabbisogno dal geotermale. L'Italia ha risorse potenziali di energia geotermica estraibile e sfruttabile stimate tra i 500 milioni e i 10 miliardi di tonnellate equivalenti di petrolio. Il primo impianto al mondo di sfruttamento dell'energia geotermale è stato costruito in Toscana, vicino a Pisa. Insieme a tutti gli altri presenti in Italia, purtroppo però il geotermale rappresenta appena il 5% dell'energia verde prodotta nel Paese. Perché ci siamo fermati? Perché parliamo di costruire centrali nucleari di ultima generazione, che richiedono investimenti per miliardi e tempi lunghissimi, quando siamo letteralmente seduti su vulcani, fumarole e geyser? Domande alle quali non ho risposte appropriate, ma in sintesi solare e geotermia sarebbero sufficienti a renderci quasi completamente indipendenti nello spazio di poche generazioni.

Se avete avuto pazienza di seguire fino a qui queste soluzioni già di loro abbastanza futuribili, vi voglio lasciare però con una suggestione ancora più grande. La generazione di energia direttamente dal corpo umano. Tutti sappiamo che il nostro corpo genera calore, magari non ci pensiamo se non quando abbiamo la febbre, ma è proprio così. L'energia termica emanata in continuazione dal corpo umano corrisponde mediamente a quella di una lampadina da 100 Watt. Il fondatore di una bellissima startup svizzera di nome Mithras ci dice più precisamente che ogni giorno, un adulto rilascia in media tre kilowattora di energia, una quantità che potrebbe far funzionare un televisore a schermo LCD per 30 ore. L'azienda in questione mira a realizzare un generatore termoelettrico che sfrutta la differenza di temperatura tra la superficie della pelle e l'ambiente circostante per produrre elettricità. Più è la differenza, più elettricità si genera.

Lo stesso obiettivo è nelle mire dell'ETRI, l'Istituto di ricerca elettronica e delle telecomunicazioni della Corea del Sud. Altri intendono produrre energia dal sudore umano, alcuni usando elettrodi da impiantare nel corpo umano, altri ancora sfruttando il semplice movimento delle dita. In una stazione ferroviaria di Stoccolma, frequentata ogni giorno da oltre 200.000 persone, che quindi riscaldano l'ambiente, il sistema di ventilazione della stazione è stato integrato con scambiatori di calore che convertono il calore in eccesso in acqua calda. L'acqua viene poi pompata nell'edificio vicino, dove, secondo quanto riferito, riduce i costi energetici fino al 25%.

E se i prossimi produttori di energia pulita fossimo proprio noi umani? Potenzialmente, se fossimo in grado di convertirla tutta per gli 8 miliardi di persone sul pianeta, saremmo in grado di soddisfare il 10% del fabbisogno globale. Oggi sogno, domani realtà?

UN FUTURO DI MEGAPROGETTI

Le tecnologie per combattere l'inquinamento e produrre energia pulita nelle megacittà sono solo alcuni spunti utili ad affrontare le mega-sfide del futuro. Ovviamente ve ne sono molti altri ed ogni sperimentazione in corso è importante perché, se un singolo caso diventa "paradigma", vuol dire che abbiamo fatto bingo. Nella città coreana di Songdo, i rifiuti vengono aspirati dalle case attraverso tunnel sotterranei fino a un impianto di riciclaggio. In altri luoghi, utilizzando tecnologie come la coltura idroponica, che non richiede terra, bensì l'uso di luci a LED si sta cominciando a produrre veramente a km zero e con un notevole abbattimento dei costi di trasporto e del traffico in sé. Ma anche le zone industriali eco-friendly del Cairo sono un esempio molto stuzzicante.

Ma difficilmente possiamo aspettarci che una singola tecnologia, o una combinazione di innovazioni, emergano dal basso e risolvano tutti i problemi. È una questione di sistema. Per affrontare i problemi delle megacittà, servono megaprogetti. Mumbai serve a dimostrare i vantaggi finanziari degli investimenti nelle megalopoli. Uno studio condotto da Global Data ha rilevato che Mumbai è la città con l'economia in più rapida crescita al mondo, concludendo che ciò è dovuto in gran parte agli investimenti in infrastrutture, come ad esempio, 575 milioni di dollari investiti dall'Asia Infrastructure Bank per le ferrovie suburbane e i progetti di energia rinnovabile. Che si tratti di retro fittare infrastrutture vecchie o di costruirne di completamente nuove, servono molte risorse. Oggi nel mondo sono in corso oltre 6.000 progetti in questo senso e rappresentano investimenti per oltre 4,2 trilioni di dollari, sempre secondo Global Data. È quindi particolarmente importante che gli investimenti vadano nella direzione giusta, se si investe sulle tecnologie sbagliate, quelle che risultano già vecchie quando vengono completate, difficilmente ci saranno di nuovo le risorse per rinnovarle.

Il bello è che non dovremo aspettare molto per capire se ci stiamo muovendo nella direzione giusta. Nel 2030 il club delle megacittà si allargherà a Chicago, Bogotà, Luanda, Chennai, Baghdad e Dar es Salaam. Basta osservare cosa succederà qui, visto che il 2030 in ottica futurista è praticamente dopodomani.

Nonostante tutti i potenziali vantaggi, le megalopoli hanno infatti un lato oscuro che non può essere ignorato. Se l'equità è il concetto chiave di ogni moderna teoria dello sviluppo democratico, le megalopoli rischiano di fallire completamente il test. Le onnipresenti baraccopoli delle megalopoli, che offrono riparo ai poveri, hanno una densità disumana e spesso non dispongono di servizi di base, costringendo un numero considerevole di persone a vivere in condizioni subumane.

Quale sviluppo prevarrà? A noi il compito di continuare ad osservare.

MONDI ARTIFICIALI: DALLA REALTA' VIRTUALE AL METAVERSO

IL PERCHE'

Creare mondi artificiali e navigarci dentro sembra essere una prerogativa della mente umana, sin dai tempi antichi. La realtà virtuale è solo un ultimo esempio tecnologico, di questa aspirazione umana. Quando a metà del 1400 Gutenberg importò dall'Asia la stampa a caratteri mobili, diede un grandissimo impulso alla scrittura ed alla pubblicazione di libri. Ci vorranno, è vero, ancora diverse centinaia di anni perché la lettura diventi un fenomeno di massa, ma i mondi semireali o interamente inventati di Verne, Wells, Salgari, Asimov e molti altri, non sono forse esempi di realtà virtuali su carta? Senza dimenticare che non erano da meno Luciano di Samostata che, due secoli dopo Cristo narrava di un viaggio dalla terra alla luna, ed ovviamente Omero con l'Odissea piena di ninfe, giganti con un occhio, sirene, tempeste mandate da Poseidone, uomini trasformati in maiali e chi più ne ha più ne metta. Un tempo entravamo in questi mondi con un libro e la nostra immaginazione, oggi con un visore.

Con l'esplosione della potenza di calcolo e la crescita del settore dei videogiochi siamo entrati in una fase dove scenari inventati o riprodotti appositamente ci vengono presentati come sfondi del gioco. Già esistono prodotti che consentono al protagonista di muoversi per centinaia se non migliaia di ore in pianeti, mondi ed ambientazioni virtualmente infinite. In questo caso ci bastano un televisore ed un controller ed il gioco è fatto. A volte il protagonista ha una forma fisica a noi visibile nel gioco, a volte vediamo lo svolgersi dell'azione con i suoi occhi, esattamente come la realtà virtuale ci consente di fare da un visore. Questo è un elemento distintivo della realtà virtuale: un libro, un film o un videogioco non riescono a provocare l'illusione di disporre di un corpo; un visore ed in futuro varie estensioni aptiche si. La relazione tra la mente e l'ambiente virtuale cambia del tutto se ci muoviamo in prima persona, quasi che non fosse più finzione, ma semplicemente un altro luogo nel quale esistiamo ed esprimiamo la nostra personalità (quella naturale o quella che desideriamo avere in quel contesto). Il metaverso di Zuckerberg parte esattamente da questa visione.

Ma non sono qui a parlarvi di filosofia. I concetti chiave sono che i precursori dell'attuale tecnologia affondano le radici nel passato lontano, quello dell'immaginazione umana, e che la realtà virtuale si basa su tre pilastri: primo, produrre l'ambientazione virtuale, secondo, consentire all'utilizzatore di muoversi al suo interno e terzo, fare interagire gli utilizzatori tra loro. Ma prima di entrare in questi tre capitoli, ognuno dei quali promette meraviglie, dobbiamo fare ancora un ragionamento. Mi avrete sentito dire infinite volte che la tecnologia serve a soddisfare i bisogni umani: parlando di realtà virtuale ed aumentata, non posso quindi evitare di chiedermi a cosa servono. Partiamo da un'affermazione brutale: non servono a niente. Le auto a guida autonoma servono a facilitare la mobilità. L'intelligenza artificiale serve a prendere decisioni migliori tra infiniti scenari. La tecnologia spaziale serve a farci conoscere altri mondi e capire l'origine del nostro. I computer quantistici ad estendere la capacità computazionale oltre i limiti del silicio. Ma la realtà virtuale? La normale risposta alla domanda consiste nell'elencazione delle, comunque, numerose applicazioni e dei campi nei quali la tecnologia ha dato dei contributi: intrattenimento, formazione, medicina, manutenzione e riparazione di impianti, sport, architettura e design, musei, turismo, retail e chi più ne ha più ne metta. Ma resta una risposta chiaramente parziale e che non risolve il problema.

Il mondo economico e quello delle startup ci hanno inculcato il concetto che un progetto ed una tecnologia sono interessanti quando risolvono un problema, sono scalabili e capaci di generare molti profitti. La realtà virtuale, per ora, non è vincente sotto nessuno di questi punti di vista e quindi viene bollata come un flop. Peccato che l'essere umano sia notoriamente creatura capace di fare cose assolutamente inutili. Da un punto di vista strettamente biologico facciamo un sacco di cose che non servono assolutamente a nulla: dipingere, scrivere poesie, ascoltare la musica, mettere i like su Facebook e molte altre ancora. Eppure, anche senza fare un elogio della futilità, fare quello che ci procura piacere è proprio così sbagliato? Alla gente piace immergersi in mondi finzionali, fantasticare con un libro, ammazzarsi di serie davanti a Netflix per passare il tempo, giocare ai videogiochi, conoscere nuove persone in luoghi digitali... la realtà virtuale semplicemente moltiplicherà i mondi in cui potremo fare tutto questo. E se gettiamo lo sguardo dietro l'angolo, quando fra pochi anni i miglioramenti di alcune tecnologie esistenti oggi renderanno queste esperienze infinitamente più ricche, lo scenario si fa decisamente più goloso. E allora addentriamoci nelle profondità delle visioni di quello che possiamo aspettarci.

INFINITI MONDI E DIGITAL TWIN

La creazione delle ambientazioni di realtà virtuale nelle quali ci muoveremo oscillerà tra due estremi: quello interamente inventato da una parte e la replica perfetta di luoghi reali dall'altra, i cosiddetti digital twin, gemelli digitali.

Oggi, i principali motori grafici per la creazione di mondi nei videogiochi si chiamano Unreal e Unity. Al di là delle differenze tra i due strumenti, che è un tema un po' da geek, l'obiettivo palesemente dichiarato è quello di costruire immagini e sequenze fotorealistiche. Le grandi prestazioni di Unreal sono alla base di una miriade di giochi straordinari, compreso il famoso Fortnite, ma ormai sono tali da uscire dall'ambito dei videogiochi per entrare a gamba tesa in quello del cinema. A differenza del vecchio green screen, in cui le immagini venivano inserite in post-produzione, con i ledwall potenziati da Unreal, tutto avviene in tempo reale: la scena si modifica in base al movimento di videocamere e attori, come in una location reale. Pensate a quanta potenza sia necessaria per far avvenire tutto questo! E siamo solo all'inizio. Tanto che sulla base della stessa tecnologia si sono diffuse infinite altre applicazioni: simulazioni di ambienti di lavoro, cantieri, linee produttive, ma anche progettazione di luoghi visitabili ed esplorabili prima che vengano fisicamente realizzati.

Unreal offre illuminazione e riflessi intensamente realistici, anche in ambienti grandi e dettagliati, consente di realizzare ombre perfette, creare e far muovere personaggi che non sembrano finti, realizzare interi paesaggi con montagne, vallate e foreste, simulare i movimenti dell'acqua e dei liquidi ed ha un'infinità di funzionalità per fare un vero e proprio "world building".

Se ipotizziamo semplicemente che i motori grafici continueranno ad evolvere e migliorare le loro prestazioni in maniera significativa ogni 5 / 10 anni, sembra ragionevole affermare che entro il 2040 avremo la possibilità di assistere a diversi mondi virtuali letteralmente stupefacenti. Praticamente indistinguibili dalle immagini di un'ambientazione reale vista in televisione.

L'alternativa alla creazione di mondi completamente inventati, sarà la realizzazione di digital twin di luoghi reali. Secondo una visione condivisa dalla famosa società di consulenza globale McKinsey, i primi a diffondersi saranno mondi virtuali in ambito business. Delle vere e proprie simulazioni di luoghi e processi aziendali, della catena del valore di produzione e commercializzazione di prodotti. Una versione digitale della catena di approvvigionamento end-to-end, dalle materie prime alla consegna, continuamente aggiornata in tempo reale. L'azienda integrerà le sue informazioni con quelle provenienti dai fornitori e dal mercato, in modo da avere un sistema di alert tempestivo in caso di interruzione delle capacità produttive di un fornitore, agevolare lo switch ad un altro partner, ottimizzare i prezzi, simulare piani di azione alternativi e così via. Forse meno affascinante di videogiochi e luoghi di incontro sociale digitali, ma sicuramente utile, anche se personalmente ritengo che questo gemello sarà basato più sui dati che sulla visualizzazione grafica / fisica dei processi, che non penso possa aggiungere grande utilità.

Dalle aziende produttive tradizionali for-profit al real estate, al turismo, alle infrastrutture strategiche fino agli enti pubblici che si occupano di trasporti, energia e ambiente il passo dovrebbe essere breve. Anche se quantificabile in alcuni decenni, alcuni progetti sono già partiti.

Nel Regno Unito, la National Highways ha definito un piano per implementare i gemelli digitali delle reti stradali del paese entro il 2050. Saranno in grado di rilevare automaticamente le necessità di manutenzione: le strade digitali incorporeranno intelligenza artificiale, flussi di dati e altri metodi di connettività per rivoluzionare il modo in cui viene gestita la manutenzione. Seoul ha recentemente annunciato l'intenzione di fornire servizi al pubblico attraverso una piattaforma virtuale: utilizzando un visore, i cittadini possono visitare e interagire con vari servizi comunali, dialogare con l'Agenzia delle Entrate o richiedere documenti ufficiali come permessi e licenze. La città americana di Orlando sta creando un digital twin perfetto del suo intero territorio, da navigare sotto forma di ologramma in una stanza dedicata, dove potenziali acquirenti di spazi ed edifici potranno fare un virtual tour della città. Las Vegas, Los Angeles, New York e Phoenix stanno realizzando gemelli digitali per ridurre le emissioni degli edifici. Anche altre città, da Singapore a Helsinki e Dubai, stanno investendo in questa tecnologia, con obiettivi che vanno dalla sostenibilità alla promozione del turismo virtuale.

Potrei continuare con decine di esempi, ma forse avrete notato che ho parlato al plurale, ho detto mondi, progetti e così via. Ma come, il metaverso non sarà solo uno? Io non credo. Non penso che un unico player sarà in grado di creare da zero e in un colpo solo un mondo virtuale che possa svolgere tutte le funzioni alle quali può essere interessato un utente. Al contrario credo che partirà da poche funzioni di base per poi ampliarsi per successive aggregazioni, sopravvivranno due o tre player di grandi dimensioni. L'alternativa che venga creato già interoperabile ed aperto a contributi incrementali da parte di tutti sin dall'inizio, mi sembra purtroppo una bella utopia smentita dai fatti nella maggior parte dei settori, dove la battaglia per il profitto ha quasi sempre imposto ambienti chiusi e proprietari di chi ha provato a rendere la sua soluzione uno standard.

Mi spiego. Da quali funzioni partiranno i mondi virtuali? I principali player nasceranno probabilmente attorno a funzioni sociali, saranno luoghi di incontro virtuale. Con scopi ludici, di intrattenimento o di conoscenza culturale. Dagli amici di penna di fine '900, alle chat di inizio secolo, le persone si continueranno ad incontrare in mondi virtuali dedicati. Ma l'idea di una chiacchierata da sola non può bastare ad attirare grandi folle. Oggi gli utenti più ingaggiati richiedono esperienze: servono eventi che attirino un pubblico, come musei, fiere, esposizioni, concerti, eventi sportivi. I loro promotori potranno moltiplicare gli accadimenti reali nelle loro controparti digitali. Oggi potrei assistere alla premier di un film in un cinema di Londra, per poi visitare un museo di Roma domani, per poi passeggiare per una fiera internazionale di auto a Stoccarda e poi rilassarmi passeggiando sul lungo Senna a Parigi.

Dall'incontro di soggetti nasce poi tipicamente lo scambio: dalle opinioni al compra e vendi sarà un attimo. Ebay si sposterà unicamente nel mondo virtuale. E dopo lo scambio tra privati arriveranno i servizi commerciali: il negozio virtuale di Amazon sarà gigantesco e la rappresentazione virtuale degli oggetti in vendita diventerà molto più ricca di quella fatta da immagini, schede tecniche e recensioni come oggi. La formazione cambierà faccia: le aule virtuali con il digital twin del docente o con il docente stesso in sincrono, saranno aperte potenzialmente a migliaia di studenti, con traduzione simultanea del parlato in real time per ogni lingua.

Se all'inizio i mondi virtuali saranno dei semplici contenitori di quello che già esiste nel web, probabilmente anche di banali link e contenuti multimediali, nel tempo si svilupperanno soluzioni ad hoc. Il concetto di immersività non riguarderà più tanto l'ambiente proposto nel visore o nella lente a contatto dedicata, quanto l'intera esperienza. I grandi player acquisteranno i produttori di esperienze di nicchia o acquisiranno il diritto di usare i loro contenuti, ingrandendosi per gradi. L'ambientazione sarà talmente realistica nel giro di 20 o 30 anni, che non ci faremo più caso; sarà, come si suol dire, un fattore igienico; quello che conterà sarà la quantità di cose che potremo fare in ciascun mondo.

MUOVERSI NEI MONDI DIGITALI

Come ci muoveremo nei mondi digitali? Attraverso il pensiero. No, non sto scherzando. Tra il 2030 ed il 2040, molti visori di realtà virtuale includeranno interfacce cervello-computer per registrare i segnali elettrici degli utenti e consentire azioni semplicemente pensandole. Le fasce e i braccialetti con sensori non invasivi saranno la scelta preferita per l'uso delle interfacce cervello-computer. Questi dispositivi scansioneranno i ritmi beta, gamma ed altri ritmi cerebrali coinvolti in attività di orientamento e risoluzione di problemi e convertiranno le intenzioni mentali di chi li indossa in azioni. In passato vi ho già ampiamente raccontato di casi di interfacce che consentono a persone paralizzate, mute o con varie disabilità di muovere i puntatori del mouse, scrivere lettere e recentemente intere parole e far svolgere a macchine connesse diverse operazioni. Uscendo dal campo medico e superando il concetto che per raccogliere i segnali elettrici del cervello servano elettrodi impiantati nello stesso, quello che vi sto dicendo diventerà la normalità.

Dopo il 2050 queste interfacce faranno ulteriori passi avanti, cioè, consentiranno uno scambio bidirezionale di informazioni. Queste interfacce neurali avanzate invieranno onde al cervello, trasmettendo all'utente sensazioni visive, audio e di altro tipo. Le immagini e le esperienze generate da questi dispositivi saranno quasi indistinguibili dalla realtà e saranno uniche per ogni utente perché dipendono dalla struttura del cervello. Non serviranno semplicemente al vostro avatar per avanzare o manipolare un oggetto, vi restituiranno le caratteristiche di quell'ambiente o di quell'oggetto, facendo percepire al vostro cervello il suo peso o il suo calore, o la brezza e l'umidità dell'ambientazione. Se già possiamo fare oggi in maniera embrionale il tutto grazie a tute aptiche e vari device che simulano la stimolazione dei nostri sensi, tra il 2050 ed il 2070 tale stimolazione avverrà via software "ingannando" il cervello. Se consideriamo che le immagini potrebbero arrivare ad avere definizioni 16 k, indossare un visore sarà praticamente come aprire una finestra su un mondo praticamente indistinguibile all'occhio umano da uno reale. Quando poi gli altri sensi saranno stimolati inducendo direttamente nel cervello le stesse percezioni che darebbe una situazione reale, l'immersività sarà pressoché completa. Bellissimo ed ovviamente anche piuttosto inquietante.

Anche il dialogo sarà arricchito. Non credo che ci basterà pensare a qualcosa per dirlo, ma anche se dovessimo continuare a proferir parola in maniera tradizionale, cioè acustica intendo, la nostra lingua verrà immediatamente tradotta e parlata all'ascoltatore e viceversa. Io andrò avanti a parlare in italiano, il mio amico cinese mi sentirà in cinese perfetto e quando risponderà io capirò in italiano. Istantaneamente. La babele delle lingue sarà finalmente crollata.

Va detto, per completezza di narrazione, che nel lungo termine c'è un'altra visione interessante sul tema. Non saranno visori o device a stimolare elettricamente i nostri sensi, inducendo percezioni specifiche mentre ci muoviamo in un mondo digitale, bensì nanobot. I famosi robot di dimensioni micrometriche, tanto cari a Ray Kurzweil, che oltre ad essere usati per scopi medici, per riparare il nostro corpo dall'interno, potrebbero essere iniettati a milioni nel nostro cervello per alterare le sue percezioni, mentre si trova in un mondo artificiale. Se mai avverrà, ed io non condivido, saremo più probabilmente verso fine secolo. Già oggi potremmo farci iniettare o applicare sottopelle dei chip per svolgere una pletora di funzioni e non lo facciamo, figuriamoci se ci faremo bombardare il cervello da macchine controllabili da altri. Poi, l'uomo oltre ad essere "sapiens" a volte è anche molto stupido, e magari i fatti smentiranno la mia previsione, ma di sicuro i problemi che percepiamo oggi come l'hack della password, la protezione della privacy o il furto di identità, saranno da affrontare in modo completamente diverso da oggi.

CON CHI CI SARA' INTERAZIONE?

Questa è la domanda sui mondi artificiali che mi affascina di più. Ed in parte mi spaventa. I primi esperimenti di Meta nel metaverso hanno già riportato casi di stalking, bullismo, sex harrasment e varie forme di volgarità, arroganza e prepotenza. Se il solo fatto di muoversi in un mondo parallelo con una identità creata ad hoc, spingerà le persone a comportarsi come degli uomini primitivi o addirittura in maniera delinquenziale... questi mondi non partiranno mai. Se l'interazione sarà con avatar che cercheranno di venderci prodotti e servizi di aziende esistenti nel mondo fisico, ma in un altro ambiente, quasi che il metaverso sia niente altro che un nuovo mercato... questi mondi non partiranno mai. Tutte le volte che leggo di banche, assicurazioni e negozi che "aprono nel metaverso", sarò sincero, mi viene lo sconforto. Mettendo la loro bandierina pionieristica, rallentano lo sviluppo dell'intero settore. Il metaverso, la realtà virtuale, i mondi digitali non hanno bisogno di questo.

Hanno bisogno di esperienze e di conversazioni ricche di significato. Delle esperienze vi ho già parlato, delle conversazioni lo facciamo adesso.

Non ci sarebbe nulla di più deludente che entrare in un mondo digitale e trovarlo pressoché vuoto. Anche se fosse pieno di concerti, eventi sportivi e splendidi musei, senza interazioni sociali sarebbe un mero contenitore, interessante come lo sono Netflix, Sky o Dazn, ma comunque tradirebbe una delle sue funzioni principali. Le interazioni possono essere di due tipi, con persone reali o con avatar artificiali dotati di una personalità e capacità di dialogo propria alimentata da una intelligenza artificiale.

Per immaginare l'interazione tra persone reali, bisogna capire perché le persone entreranno nei mondi digitali e cosa faranno. La user experience non è banale. Ipotizziamo che io indossi il visore e scelga una location dove "atterrare". Se quella location sarà una bella spiaggia assolata in California o la replica dell'Harry's bar di Venezia, può darsi che mi farà piacere semplicemente avvicinarmi ad un altro ospite dello stesso luogo digitale ed iniziare una conversazione. Pensate che sarà davvero così? Io ho qualche dubbio. Primo perché per "entrare" in un luogo digitale probabilmente bisognerà avere il permesso; alcuni mondi saranno ad accesso libero, altri probabilmente saranno dei club che vorranno fare profitto attorno allo sviluppo delle loro ambientazioni. Secondo perché, se difficilmente avviciniamo una persona nel mondo reale per iniziare una conversazione, penso che la stessa "timidezza" opererà anche nei mondi digitali, anche se su scala minore. Mascherati dietro al nostro avatar saremo più liberi nell'instaurare una relazione o no? Specialmente se il nostro "io digitale" ci rappresenta pienamente, cioè se usiamo lo stesso profilo anche per lavorare o per acquistare o fornire servizi nel mondo artificiale. Terzo, perché probabilmente ciascuno avrà una funzionalità "do not disturb" che gli consentirà di godersi in santa pace l'ambiente senza che nessuno possa attaccare bottoni inopportuni o farci scoppiare in faccia pop-up commerciali.

L'interazione più facile sarà, per definizione, quella professionale. Esistono già piattaforme, come Next Meet CORE che consentono di creare avatar che possono entrare in ambienti digitali tipicamente aziendali per fare smart-working, partecipare a riunioni, collaborare con i colleghi, fare corsi di formazione ed aggiornamento a distanza e così via. Una sorta di versione evoluta delle pratiche oggi svolte con un laptop, una connessione e Zoom. Li non ci potremo esimere dal mantenere comportamenti integerrimi e votati alla netiquette lavorativa, fuori vi è il rischio di una babele di troll, haters, disturbatori e predatori di vario tipo, che gli sviluppatori dovranno essere capaci di tenere a bada con opportuni accorgimenti tecnici.

Ma non dimentichiamoci che l'alternativa all'interazione con la rappresentazione di esseri umani reali, sarà quella con bot. Se inizialmente vedrete passeggiare nei vari contesti dei personaggi con i quali non si potrà interagire, praticamente delle comparse sullo sfondo, tutto questo cambierà piuttosto in fretta. La combinazione di grafica migliorata ed intelligenza artificiale conversazionale, ci proporrà avatar non associati ad esseri umani, ma in grado di instaurare delle vere e proprie relazioni con noi umani. Se all'inizio partiranno con funzionalità di servizio, Alexa style per intenderci, nel tempo evolveranno guadagnando una loro personalità ed una capacità di dialogo degna di un vivente vero e proprio. Ciascuno con un proprio look, esperienza, storia e capacità di instaurare relazioni più o meno profonde. La battuta che *"il vostro prossimo migliore amico sarà in un mondo virtuale"*, potrebbe non essere per nulla una battuta. Più i computer che generano i mondi virtuali saranno potenti, più tali bot evoluti potranno essere numerosi (fino all'infinito volendo), operati in real time ed interessanti culturalmente. Credo che, a un certo punto, diventerà obbligatorio specificare se stiamo avendo un'interazione in sincrono con un altro essere umano dietro ad un visore o con un algoritmo creato ad hoc dalla macchina.

Se questa visione è apprezzabile probabilmente intorno al 2040, anche gli sviluppi successivi non saranno da meno. Qualcuno progetterà bot famosi, quindi probabilmente vi potreste imbattere in Einstein, Dante o Picasso e fare quattro chiacchiere con loro. Ma anche il tema dell'immortalità avrà un suo ruolo. Se diventerà possibile caricare in un computer la coscienza e l'esperienza di un uomo realmente vissuto, questo potrà continuare a "vivere" aggirandosi nel mondo artificiale, quasi fosse una sorta di Purgatorio digitale. Tolti i soliti problemi di diritti di immagine, re-incontrare il mio papà ben digitalizzato e farci quattro chiacchiere sarebbe sicuramente un'esperienza ad alto contenuto emozionale. E allora viva i mondi digitali, oggi bozze altamente imperfette, ma seduti su tecnologie abilitanti che potrebbero completamente cambiare lo scenario, nell'arco del prossimo ventennio.

IL FUTURO DEL VOLO

L'UOMO SOGNA DI VOLARE

L'uomo sogna di volare non è solamente il titolo di una bellissima canzone dei Negrita, la mia rock band preferita, ma è un'aspirazione umana dall'alba dei tempi. Da Icaro e le sue ali di cera e piume, alle esplorazioni in bianco e nero dei fratelli Wright sulla spiaggia di Kitty Hawk, fino all'Airbus A380 da 853 posti, l'uomo ha fatto di più che sognare, ha volato eccome e parecchio!

Nel 2019, pre-pandemia, gli aerei hanno trasportato in giro per il globo 4,5 miliardi di passeggeri, percorrendo l'incredibile cifra di 9.000 miliardi di chilometri, cioè oltre 60.000 volte la distanza tra la terra ed il sole. Numeri pazzeschi. Torneremo a questi livelli nel tempo e supereremo nuovamente i record del passato.

Ma lo faremo in modo diverso, perché l'aviazione non è un mondo seduto sugli allori, anzi è progenitrice di una miriade di innovazioni di una bellezza straordinaria, con un occhio particolare alla sostenibilità. E non potrebbe essere diversamente, perché l'industria aeronautica mondiale produce circa il 2,1% di tutte le emissioni di anidride carbonica causate dall'uomo. Ma la cosa bella, è che l'attenzione agli impatti ambientali non toglie nulla alle meraviglie tecnologiche che sono dietro l'angolo: nuove forme e design dei velivoli, aerei supersonici, voli suborbitali, vtol e droni che trasporteranno passeggeri in città e tra città limitrofe. Questo è l'oggetto di questo capitolo.

CAPITOLO 1 – IDROGENO, ELETTRICO O SOLARE?

Bella domanda. Ma non fatevi ingannare, non è questione di preferenze personali, ogni soluzione potenziale è importante. L'obiettivo ambizioso del settore, infatti, è di dimezzare le emissioni di CO_2 entro il 2050, nonostante ci si aspetti che il numero di passeggeri triplicherà, evitando così una crisi globale. L'attuale ricerca sulle nuove tecnologie di propulsione dovrebbe contribuire a trasformare questa visione in realtà. Che si tratti di propulsione elettrica, solare o a idrogeno, la ricchezza di idee di ingegneri, scienziati e progettisti riguardo all'aviazione del futuro non conosce limiti, ed è benvenuta.

L'idrogeno è una soluzione che fa sognare. Secondo un recente rapporto, gli aerei a idrogeno potrebbero entrare sul mercato già nel 2035 e dovrebbero trasportare centinaia di passeggeri in più per volo rispetto agli aerei tradizionali, con una fonte di energia più pulita. E questo perché l'idrogeno potrebbe essere usato direttamente come combustibile in motori dedicati oppure per alimentare una cella a combustibile che genera elettricità per muovere un'elica. Senza contare il fatto che sarebbe straordinariamente silenzioso, risolvendo un altro dei punti deboli dell'odierna aviazione.

Solo visioni futuristiche un po' ottimiste? Mica tanto. Sono decenni che la tecnologia è allo studio. Pensate che il prototipo Tu-155 alimentato a idrogeno ha effettuato il suo primo volo il 15 aprile del 1988. Ma più che altro, Airbus ha annunciato l'intenzione di lanciare il primo aereo commerciale a idrogeno entro il 2035. Secondo McKinsey, la nota società di consulenza strategica, gli aerei a idrogeno dovrebbero entrare nel mercato alla fine degli anni '30 e crescere fino al 2050, quando dovrebbero rappresentare circa un terzo della domanda energetica dell'aviazione.

Anche l'elettrico ovviamente non è da meno. Il primo aereo passeggeri completamente elettrico è decollato l'anno scorso in Canada e anche il Centro aerospaziale tedesco sta cercando di realizzare il primo aereo elettrico per passeggeri, in Germania appunto. Attualmente, l'elettrificazione degli aerei fallisce soprattutto a causa della bassa densità di potenza e del peso elevato delle batterie. Tuttavia, la continua ricerca sui sistemi di propulsione elettrica è in fase di avanzamento e giocherà un ruolo decisivo nel futuro dell'aviazione.

Ma sarà probabilmente la combinazione idrogeno più elettrico a cambiare le sorti del settore. A lungo termine, il problema delle batterie potrebbe essere risolto bruciando idrogeno in una cella a combustibile. Nel 2016 è decollato dall'aeroporto di Stoccarda il prototipo di un aereo a celle a combustibile lungo sette metri con quattro posti a sedere. La combinazione di stoccaggio di idrogeno, cella a combustibile e batteria ad alte prestazioni per il decollo e la salita sarebbe in grado di consentire un'autonomia interessante di 1.500 km e una velocità massima di circa 200 km/h. Se l'idrogeno venisse prodotto per elettrolisi con l'aiuto delle energie rigenerative, questa combinazione potrebbe addirittura consentire di volare completamente senza emissioni. La preoccupazione semmai è che stiamo cercando di combinare due tecnologie che sono ancora in fase di sviluppo. È più probabile che l'ibridazione avverrà usando una delle due tecnologie ed il tradizionale cherosene, prima che operino congiuntamente tout court.

Del resto, ogni giorno, i circa 35.000 aerei (esclusi gli aerei più piccoli e gli elicotteri) che volano nei soli cieli europei bruciano circa un miliardo di litri di paraffina. Così non possiamo continuare. Si è parlato recentemente del primo volo ad emissioni zero eseguito nel 2023 e che ha usato carburante SAF, carburante per l'aviazione che può essere prodotto utilizzando biomassa ed oli esausti, che quindi non deve più essere ricavato dal petrolio fossile.

Ed il solare? Solar Impulse, il primo velivolo interamente alimentato ad energia solare ha già fatto scuola, ma di fatto rimane ancora un prototipo. Il primo modello, un quadrimotore ad ala alta con posto solo per il pilota, appunto un monoposto, è tecnicamente in grado di volare per una durata pressoché infinita. Il secondo modello vuole invece raggiungere l'obiettivo di circumnavigare il globo in 20 / 25 giorni. Le oltre 17.000 celle fotovoltaiche poste sulle ali, alimentano il volo in diurna, mentre contemporaneamente ricaricano le batterie utili a farlo volare di notte, quando ovviamente il sole non c'è. Sono poi seguiti i progetti Odysseus e Skydweller, tra gli altri, tutti capaci di risultati raguardevoli in merito al volo quasi perpetuo a bassa velocità, ma per immaginare un trasferimento tecnologico verso l'aviazione commerciale di massa, i tempi sono ancora lunghissimi, se mai avverrà.

CAP 2 – DESIGN, FORME ED AI

"Il futuro dell'industria aeronautica e l'agenda per la crescita del settore saranno dominati da questioni di sostenibilità, mentre gli ultimi tre decenni sono stati dominati dall'efficienza operativa e dalla messa a disposizione dei viaggi aerei alle masse". Sono le parole davvero chiare del professor Iain Gray della Cranfield University inglese.

Partendo da questo spunto, non potevo allora omettere il fatto che la propulsione è solo uno degli elementi che determinano la sostenibilità di un velivolo. Ci sono in realtà molte altre aree di attenzione che possono contribuire.

La prima riguarda la forma dei velivoli: superare il tradizionale design alare non è più un taboo. Parliamo dell'ala mista, che combina l'ala e la fusoliera in un'unica unità, in modo che l'intero velivolo fornisca la portanza per il volo. Le ali a delta, come quelle utilizzate sul Concorde e sui jet militari ad alta velocità, potrebbero essere incorporate in qualche modo anche negli aerei commerciali. KLM, per esempio, sta collaborando con l'Università di Tecnologia di Delft per la realizzazione di un aereo "Flying V", con cabine passeggeri su ogni lato di un velivolo a forma di "V". L'azienda sostiene che questo tipo di aereo potrebbe offrire un'efficienza di carburante superiore del 20% rispetto all'A350.

E se volete qualcosa di ancora più futuribile, vi ricordo il progetto delle ali "morphing", cioè che cambiano forma, sul quale stanno lavorando NASA ed MIT. Per svolgere il loro lavoro, sappiamo che le ali hanno bisogno di un intricato sistema di superfici di controllo, motori, cavi e idraulica, in modo che un'ala rigida possa utilizzare superfici che scorrono e si inclinano per controllare il flusso d'aria che le attraversa. Il problema è che queste superfici rigide non sono così efficienti come dovrebbero essere in realtà. Ogni ala è infatti un compromesso tra un'intera serie di forme ideali che sarebbero necessarie per fornire le migliori prestazioni durante il decollo, l'atterraggio e ogni altra condizione di volo intermedia. Sappiamo benissimo che, per quanto possiamo leggermente modificare la geometria dell'ala per rispondere alle diverse necessità di ogni fase di volo, restiamo comunque costretti dentro una struttura sostanzialmente rigida. Il MIT e la NASA hanno sviluppato un'ala realizzata con un "metamateriale", composto da centinaia di minuscole parti, che è automorforescente, una parola complessa che però vuol dire che può cambiare forma autonomamente in risposta al carico aerodinamico. Leggera, funzionale e più economica di tutto quello che abbiamo visto finora.

L'altro tema portante è ovviamente quello del peso. Oltre allo studio di materiali sempre più leggeri e resistenti, qualcuno sta cercando di cambiare il paradigma, tornando indietro nel tempo. Mentre il mondo spende e si concentra su progetti per andare più veloci, una società inglese di nome HAV lavora su un dirigibile completamente elettrico, che sembra un albergo a cinque stelle volante, ed ovviamente procede con passo placido. Sarebbe un mezzo per il medio raggio per viaggi molto più rilassanti, ma in termini ambientali HAV ha scritto nella sua pagina web che l'impronta di CO_2 per passeggero al chilometro sul suo dirigibile sarebbe di circa 9 kg, ben il 90% in meno di un classico aereo a reazione. Mica male.

Anche l'intelligenza artificiale può essere utile. Questo tema era, ironia della sorte, proprio uno di quelli trattati nella prima storica puntata di The Future Of. Il futuro non sta nel girare intorno a Heathrow per 20 minuti, ma nell'utilizzo dell'intelligenza artificiale per risolvere il traffico aereo. Ogni minuto risparmiato, ottimizzando grazie agli algoritmi il processo di decollo e atterraggio, non solo aumenta l'efficienza operativa di un aeroporto, ma fa risparmiare milioni di tonnellate di carburante in aggregato. Ed evita forse di costruire centinaia di nuovi aeroporti, di fronte ad una domanda che raddoppierà ad oltre 8 miliardi di passeggeri annui entro il 2037.

CAPITOLO 3 – VOLI SUPERSONICI E SUBORBITALI

Quello che è invece già avvenuto sono i voli supersonici e quelli suborbitali. Parliamo di due tecnologie profondamente diverse, entrambe nella loro infanzia, quindi è bene chiarire.

Si parla di volo supersonico quando un aereo viaggia a una velocità superiore a quella del suono, che è di circa 1.060 km/h se l'aereo viaggia a un'altitudine di 18.300 metri. Il problema è tutto di natura fisica. L'aria, anche se noi non la percepiamo, ha una sostanza che un aereo attraversa, proprio come una barca che si muove nell'acqua. Un aereo spinge l'aria mentre vola, creando increspature di pressione atmosferica. Quando un aereo si avvicina alla velocità del suono, la pressione si accumula su superfici come il muso e la coda, creando onde di alta pressione davanti e di bassa pressione dietro. Alla velocità del suono, le onde si accumulano e si combinano per raggiungere il suolo come un brusco cambiamento di pressione che si sente come un tuono.

Ma non è solo una questione di rumore. Nei test degli anni Sessanta, i boati causarono la rottura di finestre ed intonaci; erano talmente forti da far cadere i soprammobili dagli scaffali. E infatti, nel 1973, la Federal Aviation Administration vietò agli aerei supersonici civili di sorvolare la terraferma. Gli aerei potevano andare a velocità supersonica solo sopra l'oceano: il più famoso era il Concorde, l'elegante aereo passeggeri britannico-francese che ha volato su una manciata di rotte in meno della metà del tempo medio dell'epoca. Ma le rotte terrestri, potenzialmente redditizie, erano off limits, riducendo le prospettive commerciali dei viaggi supersonici.

Cosa è cambiato oggi per tornare a parlarne? La tecnologia di progettazione delle forme degli aerei. Le onde d'urto di un boom sonico infatti, non possono essere evitate completamente, ma riducendo al minimo le superfici ove si accumula la pressione, come le presa d'aria e le superfici di controllo, e distribuendole sulla lunghezza della fusoliera, le onde d'urto possono essere ridotte, modellate e indirizzate. In modo che, quando arrivano a terra siano più deboli. Software, intelligenze artificiali e nuove gallerie del vento applicate al design del velivolo promettono novità mirabolanti.

Progetti come quelli di Boom, Gulfstream, Spike Aerospace stanno cercando di rivitalizzare un settore morto dal 2003, quando British Airways e Air France hanno ritirato il Concorde. Pare che United abbia in programma l'acquisto di 15 nuovi aerei di linea supersonici e spera di "restituire all'aviazione le velocità supersoniche" entro il 2029. Staremo a vedere.

Il termine "suborbitale" è invece stato coniato per i progetti di Sir Richard Branson e la sua navicella alata Unity di Virgin Galactic e di Jeff Bezos con il suo veicolo New Shepard di Blue Origin. Toccare i confini dello spazio e sperimentare qualche minuto di assenza di peso; per ora, a caro prezzo e solo per le tasche fonde di super-ricchi.

Ma cosa si intende esattamente per "suborbitale"? In parole povere, significa che questi veicoli attraverseranno il confine della linea di Karman, una sorta di linea ideale posizionata a 100 km sopra il livello del mare, ove i velivoli arriveranno velocissimi, ma non abbastanza veloci da rimanere nello spazio una volta arrivati. E quindi ricadranno poi verso la Terra.

Oggi gli scopi di questi voli sono appunto turistici, oppure scientifici. I voli suborbitali potrebbero rivelarsi utili per gli esperimenti in cui i ricercatori vogliono studiare fenomeni che normalmente non sono visibili a causa dagli effetti della gravità, come la sedimentazione o la coagulazione di particelle solide nei fluidi. Ma per adesso non c'è molto di più. Il sogno di volare da Londra a Sidney in meno di un'ora per scopi commerciali, con questa tecnologia, è ancora lontanissimo nel tempo. E se mai accadrà, il Dipartimento dei Trasporti del Regno Unito, si è preso la briga di stimare che, un posto a bordo di un volo suborbitale, costerà probabilmente più di 200.000 sterline a persona. Altro che business class! Anche qui staremo a vedere, ma in questo caso, la presenza di due champion tra gli uomini più ricchi del mondo sembra dare qualche rassicurazione in più del volo supersonico, promosso invece principalmente da startup, anche se visionarie. Almeno fino a quando i paperoni del caso, non si stancheranno del nuovo giocattolino.

CAPITOLO 4 – VTOL, VERTIPORTI ED URBAN AIR MOBILITY

Se vogliamo tornare con i piedi per terra (che parlando di volo sembra una battuta poco appropriata) e guardare ad un futuro davvero fattibile nel prossimo decennio, non possiamo allora non parlare di vtol e vertiporti. Vtol è un acronimo che sta per vertical take off and landing, cioè decollo e atterraggio verticale. I vertiporti saranno invece, i luoghi dai quali questi mezzi partiranno ed arriveranno.

Il futuro che potete provare a visualizzare è quello di velivoli, oggi con pilota, domani probabilmente anche unmanned, che trasporteranno persone e merci su distanze brevi (da un punto all'altra di una città) o tra città contigue. Volando nello spazio aereo tra gli zero ed i 300 metri, decollando da luoghi dedicati come aeroporti, stazioni dei treni, stadi, aree fieristiche ed altri punti di interesse. Ad una frazione del costo di un elicottero, con meno rumore e consentendo di risparmiare un'infinità di tempo per tragitti che, fatti in macchina, potrebbero rivelarsi lenti e imprevedibili.

AGRI TECH: MERAVIGLIE IN CAMPO

PROLOGO

Da oltre mezzo secolo ci sentiamo dire che ormai viviamo in un'economia di servizi. È vero, ma questa mattina non avete fatto colazione con una spremuta di polizze assicurative o con un croissant farcito di consulenze. L'agricoltura non è certo morta, anzi. Rappresenta poco meno del 6% del prodotto interno lordo mondiale, ma nonostante questo è un settore cruciale per sfamare gli 8 miliardi di individui presenti sul pianeta. Ed affronta sfide e trasformazioni che proverò a raccontarvi in questa puntata, ovviamente con un occhio al futuro.

È inutile fare una panoramica delle grandi innovazioni tecnologiche in agricoltura, dal vertical farming, ai sensori, alle immagini satellitari fino alla robotica ed all'intelligenza artificiale, se prima non abbiamo un po' più chiaro il macro-scenario che caratterizza il settore. E che potremmo riassumere con alcune parole chiave, se mi permettete alcune semplificazioni iniziali, che approfondirò fra un istante: concentrazione del potere, approccio industriale o agricoltura biologica, impatto sul cambiamento climatico.

CAPITOLO 1 – I SIGNORI DEI SEMI

Con la locuzione "concentrazione del potere" intendo proprio il fatto che pochi grandi player mondiali hanno assunto un'importanza così rilevante in campo agricolo da poter parlare di oligopolio. Sembra paradossale, perché a livello mondiale ancora il 90% della produzione agricola è rappresentata da famiglie e piccoli operatori indipendenti. Qui mi riferisco in particolare al monopolio dei semi. Negli ultimi anni, China National Chemical Corp ha acquistato la svizzera Syngenta, i colossi americani Dow e Du Pont si sono fusi, la tedesca Bayer ha acquistato Monsanto, mentre è rimasta fuori da questi giochi la sola Basf. Questi operatori controllano circa i due terzi del mercato delle sementi ed il 75% di quello dei pesticidi ed erbicidi a loro collegati.

Attenzione, io non voglio attribuire a questa evoluzione di mercato alcuna accezione negativa, vorrei principalmente sfatare la convinzione ancora comune che tutti gli agricoltori fanno esperimenti, coltivano piante, le migliorano e le selezionano, per poi tenersi i semi per la stagione successiva. Il mercato è andato via via specializzandosi e sempre più la selezione e la moltiplicazione dei semi è uscita dalle realtà contadine ed è diventata un'attività svolta da aziende dedicate. Da migliaia a poche.

È vero che questo approccio razionalizza le produzioni, consente di avere sementi più resistenti a malattie e cambiamenti climatici e, spesso e volentieri anche prezzi più stabili, ma c'è anche l'altra faccia della medaglia. L'oligopolio notoriamente non favorisce l'innovazione, il potere si concentra nelle mani di pochi e si perdono pratiche e abitudini locali che rappresentano un patrimonio storico.

Purtroppo, il mondo delle lobby è potente. Le sementi sul mercato vengono iscritte a un registro di varietà e devono rispettare determinati criteri sin dal 1961. Le varietà iscritte al catalogo godono di diritti di protezione della proprietà intellettuale: tradotto, sono brevettabili.

Una volta coperta da brevetto, la semente non può essere riprodotta e riutilizzata dagli agricoltori nelle semine successive. Dal 1994 in Europa la proprietà intellettuale vale su tutto il territorio europeo per 25 o 30 anni a seconda delle colture. Le leggi approvate negli ultimi decenni tendono a irrigidire gli scambi di semi tra agricoltori, a ridurne i gradi di libertà imponendo registri e dichiarazioni e, in molti casi, addirittura a metterli del tutto fuori legge.

Questo non ha impedito la nascita di progetti locali di miglioramento genetico promossi in forma individuale o partecipava, ma non bastano e indubbiamente esperienze, tradizioni e sapori rischiano di essere spazzate via da oligopoli altamente tecnologici.

CAPITOLO 2 – POMODORI, TECNICHE GENETICHE ED OGM

Se volete un esempio concreto di come operi il fenomeno di centralizzazione delle sementi nelle mani di pochi, in Italia tanti anni fa ha fatto scalpore il famoso caso del pomodoro di Pachino, la cui storia è descritta tanto bene nel libro "Le bugie nel carrello" del bravissimo Dario Bressanini. Orgoglio italiano per i più, in realtà una varietà introdotta nel 1989 dalla multinazionale sementiera israeliana HaZera Genetics, che l'aveva ottenuta attraverso selezione assistita da marcatori.

I semi del pomodoro di Pachino sono ibridi F1, il che vale a dire che i caratteri desiderati della pianta non si trasmettono alle generazioni successive. Non è conveniente, quindi, la produzione del seme da parte degli stessi agricoltori, i quali, pertanto, devono riacquistare le sementi ogni anno dalle case produttrici, o, in alternativa, procurarsi direttamente le piantine dai vivai.

Nuovamente vi invito a non fare facili generalizzazioni. Primo, non si può fare di tutta l'erba un fascio parlando di genetica; secondo, se il pomodoro di pachino ha avuto successo non è solo un fatto di semi, è comunque frutto del lavoro e della passione instancabile di migliaia di persone del consorzio.

È importante approfondire l'aspetto "genetica", che non vuol dire necessariamente OGM, cui è spesso associata un'accezione negativa. Se non ve ne foste accorti, la modificazione del genoma degli esseri viventi da parte dell'uomo è una pratica antichissima. Secondo alcuni può risalire a circa 14.000 anni fa con l'addomesticamento del cane. Ovviamente si trattava di modificazioni genetiche in larga parte inconsapevoli, mentre è a partire dalla prima metà del Novecento che l'uomo ha preso coscienza dell'effetto a livello genetico indotto dai propri programmi di selezione.

I metodi utilizzati tradizionalmente per modificare il patrimonio genetico degli esseri viventi sono essenzialmente due: la mutagenesi e l'incrocio. Mutagenesi è un termine complicato, che però parte da una cosa semplice e nota a tutti: durante i processi di divisione cellulare accadono errori di replicazione. Lo abbiamo imparato tristemente con le varianti del covid, ma quando accadono nelle piante possono dare vita a soggetti più adatti all'ambiente. Se le nuove condizioni sono vantaggiose, gli agricoltori le mantengono nella popolazione successiva. La differenza tra il passato romantico che potreste avere in mente e quello che accade oggi, è che esistono tecniche per rendere più frequenti le mutazioni, attraverso radiazioni o agenti chimici, ma l'obiettivo resta il medesimo.

L'incrocio è invece una tecnica che permette di unire le caratteristiche presenti in due individui diversi, anche non appartenenti alla medesima specie, grazie al rimescolamento dei loro genomi sfruttando la riproduzione sessuale. In tal modo sono stati prodotti per esempio il mulo o il bardotto, ma anche gli ibridi, oggi utilizzati per le produzioni animali e vegetali.

La selezione assistita da marcatori usata per i pomodori di Pachino, nota anche come MAS (dall'inglese Marker Assisted Selection), è qualcosa di più spinto. È una tecnica di selezione genetica applicata alle piante e agli animali che permette di migliorare caratteri d'interesse (produttività, resistenza a stress vari e così via). Ma anche in questo caso non si tratta di OGM. La MAS non fornisce prodotti nel cui genoma sono stati inseriti geni estranei alla specie in questione, ma si limita ad analizzare la presenza di determinati geni negli organismi viventi (piante od animali), frutto di ibridazioni, per valutarne preventivamente le caratteristiche, senza dover attendere il compimento del processo di crescita e maturazione. Una sorta di sfera di cristallo per vedere in anticipo quello che succede.

La differenza sostanziale tra queste tecniche di miglioramento genetico e l'ingegneria genetica alla base dello sviluppo degli OGM sta nella modalità con cui l'uomo induce le modificazioni genetiche. Nel caso della mutazione o dell'incrocio viene infatti effettuata una selezione in base a caratteristiche visibili, all'interno di popolazioni molto grandi. Nell'ingegneria genetica invece è possibile "progettare" deterministicamente la modifica genetica da effettuare.

Un organismo geneticamente modificato (OGM) è un organismo vivente che possiede un patrimonio genetico modificato tramite tecnologia del DNA ricombinante, che consente l'aggiunta, l'eliminazione o la modifica di elementi genici. Comunque siate schierati sul tema, il concetto che vorrei passare qui è che dietro la parola genetica si nascondono approcci, pratiche e risultati diversi. Ed associare al termine "genetica" un'accezione negativa per partito preso, sarebbe un'ingenuità superficiale.

CAPITOLO 3 – APPROCCI INDUSTRIALI E CAMBIAMENTO CLIMATICO

Nel suo ultimo libro, Storia del mondo a buon mercato, il saggista indo-britannico Raj Patel ha scritto che nel 2050 graveranno sull'agricoltura i due terzi dei costi dei cambiamenti climatici.

L'agricoltura che consiste in monocolture e nell'uso estensivo di fertilizzanti, pesticidi ed erbicidi, ha causato una significativa perdita di biodiversità, ha ridotto la qualità del suolo e ha inquinato l'ambiente. Negli ultimi tre decenni, il 75% delle specie di insetti si è estinto a causa dell'uso estensivo di pesticidi ed erbicidi nelle moderne monocolture. Il nostro suolo sta perdendo il suo strato di humus fertile, con conseguente aumento dell'uso di fertilizzanti. Queste tendenze negative stanno accelerando il cambiamento climatico, causando incendi, siccità e inondazioni.

L'agricoltura moderna e il nostro stile di vita industrializzato, incentrato su metodi di produzione scalabili e altamente specializzati, sono i principali responsabili di questi cambiamenti. I nostri alimenti stanno diventando meno ricchi di nutrienti e sono possono essere contaminati da pesticidi, erbicidi e fungicidi. L'agricoltura convenzionale globale ha anche conseguenze sociali negative, tra cui l'accaparramento della terra, condizioni di lavoro inique e rifiuti eccessivi.

Ma come, l'agricoltura non dovrebbe salvarci e sfamare il pianeta? Dipende da come la facciamo e come la utilizziamo. Secondo l'ultimo rapporto di esperti dell'Onu, la produzione di alimenti animali occupa l'80% delle terre, provoca annualmente l'emissione di 7,1 gigatonnellate di gas serra (il 14,5% del totale) e secondo il trend attuale crescerà del 70% da qui al 2050.

I prezzi favoriscono i consumi perché non rispecchiano le esternalità negative di questo sistema. Quanto al fatto che i prezzi non corrispondano ai costi ambientali reali, uno studio ha confrontato l'impronta ecologica, nel 2010, di diverse grandi aziende, di vari settori, con il loro fatturato. Ebbene, l'impronta dei giganti dell'agroindustria era pari, tradotta in denaro, al 224% del fatturato stesso. Cioè, genera a valore più danni al sistema (che è di tutti), dei benefici generati a tali aziende (che invece sono solo dei loro Soci). Il settore si affida a una potente lobby per evitare normative suscettibili di ridimensionarli: quindi alcuni guadagnano, ed il resto del mondo paga.

Ci può "salvare" una conversione decisa verso l'agricoltura biologica? Da sola no. È sicuramente necessario un mix di iniziative.

Alcune sono economiche: la Germania, nel 2023, ha discusso per esempio la riduzione dell'IVA su verdure e prodotti agricoli, per favorirne il consumo a scapito della carne.

Altre sono di natura culturale: alcuni promuovono una filosofia detta permacultura. Non si tratta solo di una tecnica di agricoltura biologica, ma piuttosto di una filosofia che insegna il rispetto per l'ambiente e un approccio riflessivo nei confronti del consumo capitalistico moderno, dei luoghi e del cibo, più in sintonia con la natura. L'obiettivo della permacultura è quello di nutrire gli esseri umani, migliorando al contempo la biodiversità e aumentando la qualità del suolo grazie all'aggiunta di humus.

Infine, ci sono le iniziative tecnologiche, che sono tantissime. Agricoltura di precisione, vertical farm, idroponica, robotica, droni, satelliti, robot, sensori, algoritmi, intelligenza artificiale e chi più ne ha più ne metta. Questo è l'oggetto del prossimo capitolo.

CAPITOLO 4 – LE TECNOLOGIE DEL FUTURO

Il futuro della tecnologia agricola comprenderà probabilmente una combinazione di tecniche di agricoltura di precisione, come la semina e l'irrigazione di precisione, nonché l'uso di robotica e veicoli autonomi. Queste tecnologie mirano ad aumentare l'efficienza e la produttività, riducendo al contempo i costi e l'impatto ambientale. Inoltre, si prevede che l'uso dell'analisi dei dati e del deep learning svolgeranno un ruolo maggiore in agricoltura, consentendo agli agricoltori di prendere decisioni più informate sulla gestione delle colture e sull'utilizzo delle risorse. Anche l'agricoltura intelligente dal punto di vista climatico, l'agricoltura verticale e l'agricoltura indoor sono destinate a guadagnare popolarità in futuro.

Approfondiamone qualcuna.

Le tecniche di agricoltura di precisione sono un insieme di pratiche agricole che utilizzano la tecnologia per ottimizzare la resa dei raccolti e ridurre gli input, come fertilizzanti e acqua. Queste tecniche comprendono l'utilizzo del GPS e della localizzazione con diversi scopi:

·   Piantagione di precisione: serve a garantire che le sementi siano piantate alla profondità e con spaziature corrette, il che può migliorare la resa delle colture e ridurre i costi delle sementi.

·   Irrigazione di precisione: in questo caso si tratta di utilizzare sensori e altre tecnologie per monitorare l'umidità del suolo e le condizioni meteorologiche, al fine di ottimizzare i programmi di irrigazione e ridurre l'utilizzo di acqua.

·   Applicazione a tasso variabile: il tema qui è l'applicazione di fertilizzanti e pesticidi a tassi variabili in un campo, in base alle esigenze specifiche delle diverse aree.

·   Mappatura della resa: qui lo scopo è creare mappe dettagliate delle rese delle colture, che possono aiutare gli agricoltori a identificare le aree di un campo che stanno dando buoni o cattivi risultati e ad apportare modifiche di conseguenza.

· Telerilevamento: si tratta di utilizzare immagini aeree o satellitari per raccogliere informazioni sullo stato di salute delle colture, sulla crescita e sulle condizioni del suolo.

Anche la robotica e l'uso di veicoli autonomi hanno il potenziale per migliorare notevolmente l'efficienza e la produttività in agricoltura. Anche in questo caso, che spesso va sotto il nome di "smart-farming", gli esempi sono molti. Le macchine autonome per la semina possono piantare con precisione i semi, riducendo la necessità di lavoro manuale e aumentando l'efficienza della semina. Ma anche a valle del processo l'utilità è notevole. Automatizzare il processo di raccolta delle colture riduce la necessità di lavoro manuale e aumenta la velocità e l'efficienza del processo. Senza dimenticare che le macchine che passano sui campi, quando sono dotate di sensori e/o visione artificiale, possono essere utilizzate per creare mappe dettagliate dei terreni agricoli. Mappe che possono aiutare gli agricoltori a identificare le aree che necessitano di attenzione e a prendere decisioni più informate sulla gestione delle colture e sull'utilizzo delle risorse.

Un caso esemplare è il robot SprayBox di Verdant Robotics, che può identificare e trattare decine di migliaia di piante all'ora, utilizzando il 95% in meno di diserbanti chimici.

Con 50 ugelli di spruzzatura e un sofisticato sistema informatico, questi trattori oggi usati nella Central Valley californiana trainano robot con intelligenza artificiale che sembrano destinati a rivoluzionare l'agricoltura industriale. Passando sopra un campo, sono in grado di colpire in modo mirato le singole erbe infestanti e le colture a una velocità di 20 piante al secondo, prima di spruzzarle con diserbanti o fertilizzanti con una precisione di un millimetro. Non si limitano quindi a fare una semplice mappa della situazione, suggerendo le azioni successive, ma le fanno loro, in tempo reale, ottimizzando il trattamento dedicato a ciascuna piantina!

Quello che prima veniva fatto dall'alto con droni o satelliti, sta letteralmente scendendo sul campo. In realtà le due tecnologie non si escludono a vicenda. Dati raccolti dall'alto con i satelliti, dal basso con sensori sugli appezzamenti, o con modelli climatici dell'area hanno in realtà anche un altro obiettivo fondamentale. Prevedere. Le macchine, infatti, non sono utili tanto e solo per le loro capacità meccaniche, ma perché assistite da algoritmi senza i quali, spesso sarebbero solo mero hardware.

Gli algoritmi di apprendimento automatico possono essere utilizzati per analizzare i dati storici sulle condizioni meteorologiche, le rese dei raccolti e altri fattori per prevedere le rese future degli stessi e prendere decisioni più informate sulla semina. Ma anche sulla salute delle colture, sulla crescita e sulle condizioni del suolo per ottimizzare le pratiche di gestione delle colture, come l'irrigazione, la fertilizzazione e il controllo dei parassiti. Senza dimenticare altri possibili benefici come l'ottimizzazione della catena di approvvigionamento e la manutenzione predittiva dei macchinari.

Permettetemi, ora, di chiudere questa breve rassegna tecnologica, con l'altro pilastro dell'agricoltura futura: il vertical farming.

CAPITOLO 5 – VERTICAL FARMING E IDROPONICA

L'agricoltura verticale indoor (cioè, al chiuso) può aumentare la resa dei raccolti, superare la limitatezza dei terreni e persino ridurre l'impatto dell'agricoltura sull'ambiente, riducendo le distanze percorse nella catena di approvvigionamento. Ove le strutture ovviamente si trovino in città o più vicine alle città, rispetto ai campi circostanti.

L'agricoltura verticale indoor può essere definita come la pratica di coltivare prodotti impilati uno sopra l'altro in un ambiente chiuso e controllato. Utilizzando scaffali di coltivazione montati verticalmente, si riduce significativamente la quantità di spazio necessario per coltivare le piante rispetto ai metodi di coltivazione tradizionali. Questo tipo di coltivazione è spesso associato all'agricoltura urbana e di città per la sua capacità di operare in spazi limitati. Le fattorie verticali sono uniche in quanto alcune configurazioni non necessitano di terreno per la crescita delle piante. La maggior parte di esse sono idroponiche, cioè gli ortaggi vengono coltivati in una bacinella d'acqua densa di sostanze nutritive, o aeroponiche, ove le radici delle piante vengono spruzzate sistematicamente con acqua e sostanze nutritive. Al posto della luce naturale del sole, vengono utilizzate luci artificiali per la coltivazione.

Dalla crescita urbana sostenibile alla massimizzazione della resa dei raccolti con costi di manodopera ridotti, i vantaggi dell'agricoltura verticale indoor sono evidenti. L'agricoltura verticale è in grado di controllare variabili come luce, umidità e acqua per misurare con precisione tutto l'anno, aumentando la produzione di cibo con raccolti affidabili. Il ridotto utilizzo di acqua riduce gli sprechi: le aziende agricole verticali utilizzano fino al 70% di acqua in meno rispetto alle aziende agricole tradizionali. Anche la manodopera è notevolmente ridotta grazie all'utilizzo di robot per gestire il raccolto, la semina e la logistica, risolvendo la sfida che le aziende agricole devono affrontare a causa dell'attuale carenza di manodopera nel settore agricolo.

Tra l'altro, la gamma di coltivazioni ottenibili con questa tecnologia si sta ampliando. Non si tratta più solo di verdure a foglia e di alcune erbe aromatiche, ma la versatilità delle colture indoor si è estesa a pomodori, peperoni, cetrioli e frutti rossi, nonché alla cannabis terapeutica, un mercato globale in grande crescita.

È solo questione di tempo prima che la raccolta delle fragole in pieno inverno diventi una realtà, con i successi della coltivazione indoor del 2021, tra cui una serra nel Lincolnshire dove sono stati piantati sei ettari di fragole per essere tra i primi a consegnare i frutti ai rivenditori all'inizio dell'anno. Anche la grande catena di distribuzione Waitrose ha confermato la sua prima vendita di fragole britanniche chiamate "Lusa" a marzo.

Ma è tutto oro quello che luccica? Ovviamente no. Sebbene la tecnologia sia molto promettente, i costi in termini di denaro per il set-up degli impianti e per l'energia sono ancora elevati. In pratica diventano veramente convenienti quando le dimensioni sono rilevanti e possono cominciare ad operare economie di scala che giustificano l'investimento. Ciò significa che le insalate a foglia, gli ortaggi più piccoli e la frutta come i pomodori e le fragole, colture di alto valore che crescono rapidamente, sono il limite di ciò che è attualmente disponibile a livello commerciale nelle fattorie verticali. Ma non c'è dubbio che le vedremo aumentare.

UOMINI AUMENTATI E SPORT

PROLOGO

Quando ero poco più di un ragazzetto, una delle mie serie preferite si intitolava "L'uomo da sei milioni di dollari", noto ai più come l'uomo bionico. Il bravissimo Lee Majors interpretava un agente letteralmente ricostruito come un cyborg dopo un incidente drammatico. Le sue gambe gli permettevano di correre a oltre 100 km orari, l'occhio di vedere oggetti lontanissimi, il braccio era potente come un bulldozer. Per indicare agli spettatori che il colonnello Austin stava usando i suoi miglioramenti bionici, le sequenze con lui che compiva compiti sovrumani venivano presentate al rallentatore e accompagnate da un effetto sonoro elettronico che è diventato caratteristico della serie.

Solo finzione datata 1974 oppure oggi c'è qualcosa di vero e realizzato? E a partire dal presente, è qualcosa che possiamo aspettarci nel futuro prossimo? Questo è l'oggetto di questa puntata.

CAPITOLO 1 – UNA LUNGA STORIA DI POTENZIAMENTO UMANO

Il potenziamento umano è vecchio almeno quanto la civiltà umana stessa. Le persone hanno cercato di potenziare le proprie capacità fisiche e mentali per migliaia di anni, a volte con successo, altre volte con risultati inconcludenti, comici o addirittura tragici. Nel lontano passato gli scopi erano estetici, rituali o funzionali. Oggi motivazioni e tecnologie sono cambiate profondamente: se un uomo del 1800 guardasse un uomo moderno, già lo troverebbe parecchio diverso da lui, ma ciò non toglie che continuiamo a tentare di migliorarci, come se le doti che ci ha dato la natura non ci bastassero mai.

Ecco qualche semplice esempio di quanto siamo assuefatti a cose che oggi riteniamo ovvie, ma che nel passato erano innovazioni pazzesche e, in un certo senso, servivano ad aumentare l'uomo ed a provare a farlo stare meglio.

La chirurgia plastica. Secondo alcuni sarebbe nata durante la Prima Guerra Mondiale con lo scopo di ricostruire visi e corpi di soldati orrendamente sfigurati e mutilati. E non aveva nemmeno motivazioni puramente mediche, era uno strumento per non far calare il morale alle truppe. Ovviamente questa visione molto occidentale del fenomeno è appena parziale. Nei testi sacri indiani, i Veda, si parla di tentativi di innesti cutanei a fini ricostruttivi oltre mezzo millennio prima della nascita di Cristo. Si ritrovano storie analoghe legate ad Ippocrate in Grecia, ed anche i medici romani Galeno e Celso sembra operassero ricostruzioni a fini estetici, tra cui correzioni al labbro, orecchie e naso.

La pillola. All'inizio degli anni '50, gli scienziati svilupparono il progesterone sintetico in forma di pillola. Tema recente? Mica tanto. Gli antichi mesopotamici, egizi, greci e romani usavano tutti balsami ed erbe per cercare di bloccare la fecondazione, prima che si comprendesse appieno il funzionamento del processo. A partire dal 1500, i preservativi divennero sempre più popolari in tutto il mondo, in particolare in Cina e in Italia. Ovviamente questo assomiglia più a un depotenziamento che a un incremento delle capacità umane, ma del resto all'epoca la genetica era completamente sconosciuta.

L'aspirina. Si stima che nel mondo ne vengano consumate circa 40.000 tonnellate ogni anno. Dolori, infiammazioni e influenza non sono certo fenomeni recenti e anche se il farmaco a base di acido acetilsalicilico della Bayer è sul mercato dal lontano 1899, la storia ha origini molto più antiche. L'albero del salice, il cui potere curativo fu notato per la prima volta dagli antichi egizi come raccontato nel Papiro di Ebers, contiene salicilato, un componente primario dell'aspirina. Altre culture, tra cui i greci, avevano già notato gli effetti tonici del salice.

Nella mostra del 2012 curata da Emily Sargent, Superhuman, allestita a Londra, a fianco di visioni fantascientifiche di miglioramenti futuri sono stati presentati anche manufatti della storia del miglioramento umano. Come, per esempio, un alluce di legno: un'antica protesi egizia, risalente al 600 a.C. circa. Inizialmente si pensava che tali appendici fossero destinate solo ai faraoni defunti, in modo che il passaggio all'aldilà potesse avvenire con un corpo completo; più recentemente, i ricercatori hanno scoperto che tali protesi potevano essere utilizzate anche dai vivi. La mostra esponeva anche un "dildo d'avorio completo di congegno per simulare l'eiaculazione" del XVIII secolo. Mentre nel XIX secolo si è addirittura assistito a un vivace commercio di nasi falsi attaccati alle montature degli occhiali, a causa alla diffusione della sifilide. E così via.

Lo sport ovviamente non fa eccezione. Ci sono prove che gli atleti greci facessero uso di stimolanti per migliorare le prestazioni già nel III secolo a.C., e gli olimpionici moderni non tardarono a ripristinare la pratica del doping: il vincitore della maratona olimpica del 1904 fece iniezioni di stricnina durante la gara. Solo pochi anni prima, secondo la British Medical Association, vi fu il primo caso di morte dovuto al doping sportivo: si era verificato in seguito alla corsa ciclistica Bordeaux-Parigi del 1896, e non sarebbe passato molto tempo prima che il Tour de France fosse colpito dal suo primo scandalo di doping. Nel 1924, i fratelli Pélissier ammisero di aver fatto uso di cloroformio, cocaina e aspirina nel corso del Tour.

Anche senza entrare nel delicato tema del doping, è evidente che la ricerca di una sempre migliore prestazione sportiva ha portato ad adottare tecnologie e soluzioni spesso controverse. È famoso il caso di Oscar Pistorius, velocista sudafricano che correva su "lame" protesiche. Con le quali partecipò sia alle Olimpiadi che alle Paralimpiadi. Dopo la sua sconfitta nella finale paralimpica dei 200 metri, insinuò che il vincitore, il brasiliano Alan Oliveira, usava lame troppo lunghe, che gli davano un vantaggio ingiustificato. In seguito, è stato confermato che le lame di Oliveira erano conformi alle norme, ma il modo in cui tali norme vengono determinate rimane una questione delicata.

In ogni caso, un vantaggio simile avrebbe potuto essere ottenuto alla fine del XIX secolo da un corridore che avesse usato un nuovo paio di scarpe chiodate, o da un atleta degli anni Settanta che avesse adottato rapidamente le scarpe da ginnastica con suola waffle della Nike, o dai primi tennisti che avessero usato racchette con telaio in metallo. Nel nuoto, il costume intero LZR Racer indossato da molti concorrenti alle

Olimpiadi di Pechino del 2008 è stato successivamente vietato perché troppo veloce, anche se è difficile capirne il motivo, dato che tutti i concorrenti hanno avuto la possibilità di indossarlo.

Ora però, serve fare una precisazione di cosa intendiamo davvero per "uomini aumentati". Perché protesi, costumi velocissimi, aspirine, sostanze chimiche, genetica e chirurgia sono tutte cose profondamente diverse tra loro, e mettere tutto sotto lo stesso cappello rischia solo di farci divagare.

CAPITOLO 2 – TIPI DI POTENZIAMENTO UMANO ED ESEMPI NELLO SPORT

Due ricercatori dell'Università di Antwerp, Muriel De Boeck e Kristof Vaes hanno fatto una bella e semplice classificazione di quello che possiamo chiamare "human augmentation". Ve la ripropongo qui perché è molto chiara, serve a orientarci anche quando parliamo di sport e sicuramente ci aiuta a non andare a casaccio.

Categoria 1 - Aumento sensoriale. La prima categoria riguarda l'aumento dei sensi, che può essere ottenuto interpretando le informazioni sensoriali disponibili e presentando un feedback all'utente, spesso superiore a quello che i suoi sensi naturali sarebbero in grado di percepire.

Categoria 2 - Aumento fisico. La seconda categoria riguarda l'aumento del corpo fisico e mira a migliorare la capacità di un individuo di muoversi e manipolare oggetti. Uno degli esempi più comuni di aumento fisico è l'esoscheletro.

Categoria 3 - Aumento cognitivo. La categoria del potenziamento cognitivo comprende l'assistenza all'elaborazione dei dati, la facilitazione del processo decisionale e l'assistenza alla memorizzazione. Qui non siamo nel campo dei sensi, ma in quello del funzionamento del cervello.

Categoria 4 - Aumento sociale. Infine, la categoria dell'aumento sociale si riferisce alle tecniche per migliorare le capacità sociali supportando l'empatia, l'interazione (sia quella da uomo a uomo che quella da uomo a computer), la comunicazione e la collaborazione.

Quindi, ricapitolando, potenziamento sensoriale, fisico, cognitivo e sociale. Ma non basta. I due ricercatori aggiungono anche una seconda dimensione, in modo da creare una vera e propria matrice nella quale incasellare ogni tipo di "aumento". Sul secondo asse distinguiamo i potenziamenti che consentono di replicare le abilità umane, far loro da complemento oppure di superarle, andando oltre.

Quindi, per esempio, un Jet Pack che consente ad un uomo di volare, rientra nella categoria dell'aumento fisico che serve a superare le capacità umane. Un'interfaccia cervello-computer, le famose BCI, che aiuta a migliorare la memoria rappresenta un aumento cognitivo che replica un'abilità umana. Le cuffiette wireless che cancellano i rumori esterni sono invece un aumento sensoriale che fa da complemento, cioè, integra una capacità umana, quella di ascoltare. E se vogliamo fare una breve incursione nel potenziamento sociale, potremmo dire che un visore di realtà virtuale che facilita il lavoro di team, rientra in questa categoria, integrando le capacità umane di lavorare insieme.

Gli esempi nello sport sono altrettanto facili da inquadrare. Le famose protesi bioniche del già citato Pistorius, e di molti altri atleti dopo di lui, sono un aumento fisico che replica le abilità umane. Anche se, il confine è sottile e non ci dobbiamo confondere. Tali strumenti sono in grado di consentire ad un atleta ben allenato di superare, e non di poco, le velocità di un qualsiasi individuo normo-dotato, ma non per questo diciamo che serve a superare le abilità umane. L'uomo infatti può già correre, l'esempio del Jet Pack è più pertinente se parliamo di superamento delle stesse, perché non possiamo volare.

Il famoso airbag nel colletto della giacca che, grazie agli accelerometri di cui è dotato, può aprirsi proteggendo la caduta di un ciclista è un altro bell'esempio. Chiaramente si tratta di aumento fisico, ma qui davvero eccediamo le abilità umane. È vero che in senso lato la nostra testa ha già uno scheletro che la protegge, ma questo strumento ci fa superare di gran lunga il limite della sopravvivenza in caso di impatto.

I visori di realtà aumentata, che per esempio ci mostrano la fisiologia di un gesto sportivo o di un allenamento rientrano invece nell'aumento cognitivo. Che, anche in questo caso, eccede le capacità umane. Difficilmente saremmo in grado di dire, solo guardando un atleta, come si muove esattamente un muscolo, quanta energia sviluppa e mille altri parametri fisiologici che invece un software ci può restituire.

Ma anche qui serve fare un passo avanti, per non procedere solo con esempi che, anche se gustosi, ed ora inquadrati in una matrice semplice e chiara, sarebbero pur sempre parziali. È giunta l'ora di entrare un po' più nel dettaglio delle varie tipologie di potenziamento e delle tecnologie che lo consentono. Per poi calarle nel mondo dello sport.

CAP 3 – TECNOLOGIE DI POTENZIAMENTO E SPORT

Le tecnologie di potenziamento umano da guardare con attenzione per il futuro sono oggi riconducibili a 4 grandi famiglie:

1. Miglioramento della fisiologia: cioè, sviluppi nella riparazione del corpo.
2. Biomeccanica aumentata: tecnologie che possono essere aggiunte per eliminare le carenze o aggiungere maggiori capacità.
3. Neurotecnologie e miglioramento della cognizione: in pratica, sforzi per migliorare le capacità mentali e integrare le funzioni del cervello con le reti informatiche.
4. Nutri-genetica e robotica ingeribile: ciò che probabilmente metteremo all'interno del nostro corpo per migliorarne le funzioni e per diagnosticarne e migliorarne le prestazioni.

FISIOLOGIA

Partendo dalla fisiologia, possiamo affermare che le nuove tecnologie mediche ripareranno i danni e potenzialmente miglioreranno la biologia attuale. Inoltre, gli sviluppi nella comprensione e nella manipolazione dei risultati genetici porteranno probabilmente a un cambiamento significativo della forma umana "naturale" nei prossimi decenni. A questo dedicherò un intero capitolo fra poco.

L'obiettivo di molti scienziati è consentire una sorta di upgrade umano. La stampa 3D è uno degli alfieri di questa tendenza emergente. I progressi della stampa 3D, per esempio, hanno il potenziale per fornire miglioramenti rispetto alle opzioni di innesto osseo e altre sostituzioni sintetiche. Anche le cellule e i tessuti umani possono essere stampati e la ricerca sulla stampa di organi e muscoli complessi è in fase avanzata. La cosiddetta bio-stampa degli organi è l'uso di tecnologie di stampa 3D per assemblare più tipi di cellule, fattori di crescita e biomateriali, in modo stratificato, per produrre organi artificiali che imitano idealmente le loro controparti naturali.

La stampa di protesi personalizzate per gli atleti è già una realtà. Denise Schindler, ciclista agonista tedesca, è riuscita a conquistare una medaglia d'argento e una di bronzo rispettivamente nelle categorie della cronometro individuale e della corsa su strada alle Paralimpiadi di Rio 2016, e lo ha fatto con una protesi stampata in 3D.

Cavendish Imaging è un'azienda londinese che produce maschere per consentire agli atleti che hanno subito lesioni al viso, come la frattura del naso o dello zigomo, di continuare a giocare. Utilizzando un software 3D, l'azienda è in grado di scansionare il volto dell'atleta e di creare un modello sulla base del quale è possibile stampare in 3D una maschera di protezione personalizzata. Questa innovazione riduce il periodo di inattività legato a un infortunio e previene ulteriori danni alla lesione durante la guarigione. Sui campi di calcio, da Sergio Ramos a Oshimen, per esempio, l'abbiamo vista utilizzata spesso.

Ma anche le scarpe non sono da meno. Le tecnologie 3D possono essere utilizzate per scansionare il piede dell'atleta, sviluppare un modello 3D e stamparlo in tempi record. Il risultato è una scarpa personalizzata in base alla morfologia, alle esigenze e allo stile del singolo utilizzatore. E dalla scarpa agli scarponi da sci, il passo è breve. Con un vantaggio in più. Oltre alla mera personalizzazione della forma, gli scarponi stampati in 3D possono essere progettati anche per favorire una migliore circolazione del sangue. Certo è un fattore "esterno" al corpo di uno sciatore, ma non è un vantaggio da poco, specialmente ad alti livelli.

I paradenti usati in molti sport di contatto, come boxe, hockey, rugby e persino calcio cominciano ad essere progettati ormai con le stesse logiche e lo stesso vale anche per i caschi.

Potremmo obiettare che uno strumento esterno come un casco, una scarpa o una maschera è ben altra cosa rispetto ad una protesi attaccata al corpo, o addirittura un organo in futuro stampato in 3D che magari rimpiazza uno perfettamente funzionante, ma meno performante. Vero, ma stiamo comunque parlando di human augmentation.

BIOMECCANICA

I progressi nei dispositivi indossabili e nelle protesi promettono la fine delle disabilità fisiche, con la sostituzione bionica di occhi, orecchie e arti perduti e, andando oltre, la prospettiva di potenziare i normodotati con forza, velocità e resistenza sovrumane. I dati generati da questi dispositivi, inoltre, consentiranno di raggiungere livelli di conoscenza senza precedenti.

I wearables stanno diventando sempre più presenti nella pratica sportiva: l'idea di monitorare qualsiasi cosa, per migliorare in allenamento ed aiutare ad aumentare le prestazioni è ormai alla portata dell'uomo comune. In ogni formato e per ogni tasca.

Ma non si tratta solo di questo. Ci sono almeno due "estremi" piuttosto futuribili e molto stuzzicanti. Il primo sono gli esoscheletri sportivi, il secondo le skin tecnologiche indossabili.

Gli esoscheletri sportivi, come per esempio quelli sviluppati dalla società Enhanced Robotics, sono appunto degli aiuti per la parte inferiore del corpo. Si indossano come dei pantaloni ed attraverso una serie di attuatori aiutano a risparmiare energia durante la corsa, ad affrontare percorsi di trekking in salita facendo meno fatica oppure ad allenarsi e bruciare più calorie. Se nel ciclismo abbiamo le biciclette con la pedalata assistita che consentono una nuova esperienza, questi esoscheletri potrebbero essere visti come la controparte dedicata alla camminata ed alla corsa.

Le pelli indossabili magnetiche e biocompatibili, invece, sono un altro tipo di wearable appena uscito dai centri di ricerca. La pelle artificiale, sviluppata sotto la supervisione del Prof. Jürgen Kosel, è magnetica, sottile e altamente flessibile. Quando viene indossata da un utente, può essere facilmente tracciata da un sensore magnetico nelle vicinanze. Ad esempio, se un utente la indossa sulla palpebra, permette di seguire i suoi movimenti oculari; se la indossa sulle dita, può aiutare a monitorare le risposte fisiologiche di una persona e così via. Il fatto che sia magnetica e quindi non richieda di indossare anche sensori, chip, antenne, batterie, cavi ed altri strumenti ingombranti, rappresenta un vantaggio enorme che può aiutare in una miriade di campi. Non solo nello sport. Ad esempio, la combinazione della pelle magnetica (magari un guanto) con le applicazioni per la casa intelligente consentirebbe alle persone con disabilità fisiche di eseguire a distanza azioni utili: ad esempio accendere le luci, far partire la lavatrice e così via.

NEUROTECNOLOGIE

La neurotecnologia comprende qualsiasi metodo o dispositivo elettronico che si interfaccia con il sistema nervoso per monitorare o modulare l'attività neurale. In questo campo oggi, a mio avviso, la fanno da padrona due tecnologie moderne con un grado di invasività molto diverso: realtà virtuale ed interfacce cervello – computer.

A ben guardare anche un elettroencefalogramma ed altre tecnologie note di stimolazione transcranica rientrano a pieno titolo in questa famiglia, così come l'uso medico di particolari tipologie di farmaci come la sertralina, ma per l'uso sportivo mi concentrerei sulle altre due appena citate.

La realtà virtuale rientra in questo campo perché è "luogo" dove gli sportivi possono testare ed affinare diverse capacità mentali, prima di scendere in campo. La tecnologia può aiutare sotto molti aspetti: acutezza visiva, visione periferica, tempi di reazione, decisioni complesse, multi-tasking, concentrazione e attenzione, solo per citarne alcune.

È il mandato, per esempio, dell'azienda Neurotrainer, che sul suo sito cita una serie di miglioramenti ottenuti in diversi campi dello sport. I giocatori della Major League Baseball hanno ridotto il tempo di decisione di 48 millisecondi nei test di controllo degli impulsi. Poca roba direte voi, ma lo sapete che il record di velocità, che appartiene a Nolan Ryan sin dal 1974, è di oltre 160 kmh? Probabilmente se dovete prendere una palla sparata a quella velocità, 48 millisecondi possono fare la differenza. I giocatori NBA hanno riferito di essere in grado di trovare e creare meglio lo spazio in campo. I giocatori di pallavolo della NCAA hanno svolto esercizi mentali preparatori prima di scendere in campo. E potrei continuare ancora.

Cambiando protagonista, una startup di nome NeuroSync utilizza un sistema di tracciamento oculare basato sulla realtà virtuale, per fornire agli atleti un punteggio sulle loro prestazioni cognitive complessive e un indicatore dell'affaticamento. Insomma, gli esempi sono molteplici.

In merito alle interfacce cervello – macchina, invece, chi segue regolarmente The Future Of ne ha già sentito parlare diffusamente ed in questo stesso libro, a breve, troverete un capitolo interamente dedicato. Vi ho raccontato di persone paralizzate che scrivono al computer e persino scimmie in grado di muovere i puntatori di un mouse, grazie al collegamento tra cervello e computer. La tecnologia è per molti aspetti ancora nella sua infanzia e, per ora, è uscita raramente dal campo della riabilitazione e dai laboratori di ricerca.

L'esempio di utilizzo "sportivo" forse più importante l'abbiamo visto al Cybathlon di Zurigo nel 2016. I concorrenti controllavano i loro avatar impegnati in una corsa a ostacoli sullo schermo usando solo i loro pensieri e nessun movimento del corpo. I loro pensieri venivano tradotti in azioni virtuali attraverso una cuffia con elettrodi multipli applicata sulla testa. In questo caso però parliamo di atleti tetraplegici. Persone con gravi disabilità motorie avevano appena utilizzato con successo un dispositivo informatico attraverso i loro segnali cerebrali.

E questo è esattamente il punto. Se oggi possiamo usare il nostro cervello e non le mani o il corpo per fare quello che sembra un videogioco evoluto, domani quante altre cose potremo controllare? Potrebbe emergere una categoria di pratiche sportive dove l'uomo pensa soltanto ed una macchina esegue? La cosa in linea teorica sarebbe applicabile a qualsiasi sport, ma in particolare interessante per quelli più pericolosi. E se invece di un incontro di pugilato spaccaossa tra persone reali, lo stesso avvenisse tra robot guidati da pensieri umani? E se invece di avere un pilota seduto dentro una macchina di Formula 1 che può andare a schiantarsi, la macchina fosse guidata solo col pensiero da un pilota seduto a tavolino?

Sento spesso dire che un giorno avremo tre categorie di Olimpiadi, quelle dei normodotati, quelle per atleti con vari tipi di disabilità e quelle di cyborg mezzi uomini e mezzi macchina. Sbagliato! La terza potrebbe non avverarsi mai ed essere invece sostituita da quelle giocate solo con onde cerebrali.

ROBOTICA INGERIBILE

Li chiamano "ingestibles", nel senso che li possiamo ingerire. Ma non si tratta delle classiche pillole cui siamo tutti abituati, ma di una loro

101

versione decisamente più tecnologica. Gli scienziati hanno sviluppato una capsula elettronica che può essere ingerita e controllata in modalità wireless per somministrare farmaci. La pillola stampata in 3D può essere controllata dall'esterno tramite bluetooth e potrebbe essere sviluppata ulteriormente per rilevare infezioni o reazioni allergiche.

Oltre alla capacità tradizionale di fornire all'organismo farmaci e sostanze desiderate, queste pillole possono essere dotate di sensori che raccolgono e forniscono dati biometrici su enzimi, ormoni, elettroliti, comunità microbiche e metaboliti in prossimità degli organi. A seconda del tipo di sensori di cui sono dotate possono lavorare contemporaneamente su più funzioni: dalle immagini alla misurazione di una miriade di dati. E proprio per questa capacità di essere intelligenti e multi-tasking vendono definite "smart pills".

Se pensate sia una tecnologia futuristica ancora di nicchia, vi sbagliate. Secondo il rapporto Smart Pills Technologies Market, il mercato avrebbe già superato la dimensione economica del miliardo di dollari. E lo sport non si è fatto scappare l'occasione di usarle.

Del resto, ormai lo avrete capito, questo mondo vive sulla raccolta ed analisi sistematica dei dati. Se questi arrivano da un braccialetto da polso, sensori nell'abbigliamento o nelle attrezzature, da rielaborazioni di immagini di telecamere esterne o dall'interno del corpo stesso, l'importante è poter monitorare.

La squadra di calcio francese del Nantes ha utilizzato il dispositivo di monitoraggio della temperatura BodyCap su dieci dei suoi giocatori durante due partite di Ligue 1. Cos'è il dispositivo? Ovviamente una pillola. Realizzata in plastica biocompatibile, la pillola trasmette in modalità wireless le misurazioni della temperatura interna a un monitor ogni 30 secondi. I dirigenti della squadra hanno dichiarato che i dati raccolti sono stati utili anche per ridurre i dolori dei giocatori e migliorare i tempi di recupero.

Gli allenatori degli atleti olimpici canadesi della corsa, con la stessa tecnologia, hanno analizzato i dati biometrici raccolti durante diversi eventi, per misurare alcuni fattori che impattano sulla prestazione, come il calore e l'umidità. E ovviamente sapere, serve poi a ottimizzare.

Nel Football Americano l'obiettivo delle analisi invece sono stati i giocatori che pesano più di 136 kg (o per fare cifra tonda 300 libbre). E non sono pochi, erano più di 300 nella NFL qualche anno fa. Perché loro? Perché a causa della loro massa corporea, questi giocatori, che generalmente ricoprono il ruolo di attaccanti o difensori, corrono un rischio più elevato degli altri di soffrire di un colpo di calore. Anche i giocatori più in forma possono essere ad alto rischio in caso di disidratazione critica dovuta alla sudorazione. Ed il colpo di calore è solo un esempio, l'infarto ovviamente è l'altro osservato speciale.

Insomma, mica male queste pillole. Che il corpo poi rilascia naturalmente in 12 – 18 ore.

Ed ora addentriamoci nel campo della genetica, perché qui la frontiera è ancora più delicata di tutte le forme di human augmentation descritte finora.

CAP 4 – GENETICA ED ETICA

New York, 7 Aprile 2048.

Michelle Lawler si collegò al suo server domestico e scaricò nella retina gli ultimi messaggi arrivati. Finalmente la comunicazione della Genetic Sports Clinic si era palesata davanti ai suoi occhi. Dopo ben 3 giorni di attesa, il Report sulle predisposizioni genetiche di suo figlio Carl, di appena 6 anni, era disponibile. I punteggi erano quasi tutti ottimi circa la predisposizione agli sport di resistenza. Mentre l'incrocio con i dati sulla vista e quelli sulla capacità di attenzione, portavano al suggerimento che il ragazzo sarebbe stato portato per discipline come il biathlon, il tiro al piattello o l'arco. Il linguaggio non era particolarmente facile da comprendere. "Specifici genotipi omozigoti nel gene del peroxisome proliferator-activated receptor gamma co-activator 1-alpha (PPARGC1A) e dei recettori beta-adrenergici 1/2/3 (ADRB 1/2/3) sono stati messi in relazione con una maggiore captazione massimale di ossigeno (VO2max), migliori prestazioni di resistenza e un indice di massa corporea più favorevole nei corridori di lunga distanza." E di frasi così ne lesse almeno una decina.

Era un po' delusa, forse avrebbe preferito sport più lucrativi come il basket, il tennis o il calcio. Ovviamente, la Genetic Sports Clinic suggeriva che, con appena poche migliaia di dollari avrebbe potuto intervenire su alcuni geni in grado di meglio regolare la concentrazione e la sua durata e, ma solo in via sperimentale, persino migliorare la resistenza al freddo. Suo figlio avrebbe potuto essere un cecchino dei ghiacci e magari vincere una medaglia olimpica. Ci pensò su a lungo, riflettendo che, se avesse fatto queste analisi 6 anni prima, quando suo figlio era ancora nello stato embrionale, eventuali modifiche di ingegneria genetica le sarebbero costate meno, ma a quell'epoca non erano ancora perfettamente legali. Alla fine, con un impercettibile movimento della palpebra, comandò al messaggio di accartocciarsi e sparire per sempre nell'etere. Suo figlio avrebbe fatto quello che voleva, ma divertendosi con gli altri bambini giocando, come era sempre avvenuto in passato.

*

Quella che vi ho raccontato ovviamente è finzione, una fantasiosa sbirciata al futuro attraverso un immaginario squarcio spazio – temporale. Oppure no? Dai tempi dello sviluppo del CRISPR e più recentemente con il base editing, sappiamo che alterare il patrimonio genetico di un individuo non è più fantasia. Ovviamente, per ora, gli scopi sono puramente medici e ci mancherebbe altro, ma lo sconfinamento verso altri campi non può essere escluso.

Il tema dell'identificazione dei talenti dei ragazzi attraverso l'analisi del DNA è invece già realtà. La frase sui genotipi e sui recettori che avete ascoltato qualche istante fa, non è parto della mia fantasia, ma presa da un paper serissimo pubblicato nel 2018 ed intitolato "The Potential Role of Genetic Markers in Talent Identification and Athlete Assessment in Elite Sport".

Nel mondo dello sport professionale, l'identificazione e la promozione di futuri atleti a percorsi specializzati si basa fortemente su caratteristiche fisiche, tecniche e tattiche oggettive, oltre che su valutazioni soggettive dell'allenatore. In pratica l'identificazione del prossimo grande atleta rimane basata prevalentemente sulle visioni soggettive degli addetti ai lavori. Più di recente, i marcatori genetici, tra cui diversi polimorfismi a singolo nucleotide (detti SNP), sono stati correlati a una maggiore capacità aerobica, forza e a un aumento generale delle capacità atletiche.

Tradotto, anche se la ricerca del talento sportivo nella genetica è ancora in una fase primordiale, procede ad ampie falcate. Nonostante la genetica da sola non faccia un grande campione, una predisposizione è una predisposizione, e se dimostriamo che è un fatto oggettivo, può aiutare i giovani ad orientarsi a discipline verso le quali, mia nonna avrebbe detto, sono più portati.

Ma anche senza andare così lontano, riuscire a identificare una maggiore predisposizione potenziale agli infortuni sarebbe già un passo avanti. Quante volte sentiamo dire che quell'atleta è "di cristallo"? Saperlo in anticipo eviterebbe a lui e a chi lo paga di insistere in un percorso ad alto rischio di fallimento. Ma potreste pensarla anche esattamente all'opposto. Quanto ci saremmo persi se, per esempio, un giovane Marco Van Basten fosse stato indirizzato agli scacchi invece che al calcio, perché le sue caviglie erano a grande rischio di infortunio. Certo, si è ritirato a soli 27 anni, ma quello che ha fatto nei 10 anni di carriera attiva, di cui buona parte passata in ospedale, inclusi tre Palloni d'Oro ed una lista sconfinata di trofei, è comunque storia di quello sport.

E allora chiediamocelo in trasparenza: data la spinta alla perfezione che governa gli sport ad alto livello, il miglioramento genetico delle prestazioni è quasi inevitabile?

Oggi la posizione internazionale è nettissima. Anche se non ci sono prove che qualcuno abbia provato queste procedure, nel 2003 l'Agenzia Mondiale Antidoping (WADA) ha vietato in modo proattivo il doping genico. Il divieto include qualsiasi uso di polimeri di acidi nucleici (DNA e RNA) o analoghi, agenti di editing genico progettati per alterare le sequenze del genoma o l'espressione dei geni e cellule normali o geneticamente modificate. Punto. La WADA ha dichiarato di voler preservare lo "spirito dello sport", ma sappiate che molti non concordano. Per alcuni movimenti che ritengono che l'evoluzione umana biologica sia naturalmente intrecciata a quella tecnologica, non ci sarebbe nulla di strano ad aprire a soluzioni geniche e molte altre ancora. Non servirebbe mettere un orizzonte, quando comunque la tecnologia ci porterà facilmente oltre.

L'unico limite concesso da coloro che sono su queste posizioni sarebbe il rispetto della salute umana. Le ricerche sulla sicurezza del doping genico chiaramente sono scarse, ma due studi pubblicati su Nature avrebbero rilevato che l'editing genico può indebolire la capacità di una persona di combattere i tumori. Sinceramente ho letto questa notizia, ma non sono stato in grado di trovare e approfondire i due studi; quindi, non sono in grado di esprimermi. Questo è un campo che richiede approfondimenti.

Comunque decidiate di schierarvi, per concludere chiudendo il cerchio attorno a questo tema che ho iniziato con l'Uomo da 6 milioni di dollari, mi vien da dire che il personaggio della fiction era un dilettante a cospetto della miriade di innovazioni che la scienza ci ha portato negli ultimi 50 anni.

IL LIDAR: DALL'ARCHEOLOGIA ALLE AUTO AUTONOME

CAP 1 – GLI UOMINI CHE HANNO CONTRIBUITO AL LIDAR

Il Lidar, acronimo di Light Detection and Ranging, è un metodo di telerilevamento che utilizza la luce sotto forma di laser a impulsi per misurare le distanze. I sensori Lidar utilizzano, in estrema sintesi, un raggio laser per determinare la distanza di un oggetto. Il fascio di luce colpisce l'oggetto e poi torna al sensore. Un microcomputer all'interno del sensore Lidar misura il tempo impiegato dalla luce per tornare al sensore, ed il gioco è fatto. Poiché il sensore sa che la velocità della luce è fissa, può calcolare e fornire la distanza dell'oggetto.

Oggi il Lidar viene spesso usato su aerei, elicotteri e droni per mappare quello che si trova sotto al velivolo. In un tipico sistema Lidar, un laser punta verso il basso dalla pancia di un aereo e lancia al suolo fino a 400.000 impulsi al secondo. In questo caso, di solito viene utilizzato un laser che emette nel vicino infrarosso, ma scopriremo più avanti che ne esistono anche altri tipi.

L'impulso viene poi riflesso verso un ricevitore sull'aereo. Gli impulsi vengono ricevuti sia come singoli ritorni, in cui tutta la luce trasmessa viene riflessa da una superficie uniforme come il terreno, sia come ritorni multipli, in cui, ad esempio, l'impulso colpisce un'area boschiva e restituisce riflessioni multiple dalle cime degli alberi, dai rami e dal terreno. La distanza tra l'aereo e l'oggetto sottostante è pari alla metà del tempo tra la trasmissione e la ricezione dell'impulso moltiplicato per la velocità della luce, che appunto è nota.

Attenzione quindi. Quando diciamo che il Lidar vede attraverso gli oggetti, stiamo facendo un'affermazione errata. Il fatto che riesca a mappare il terreno anche sotto i rami e le foglie degli alberi, come per esempio nelle fitte giungle tropicali, non è perché vede attraverso le foglie, ma perché comunque alcune delle centinaia di migliaia di impulsi al secondo arrivano comunque a terra e rimbalzano verso l'alto, nonostante la vegetazione sia molto densa.

È ironico, per certi versi, pensare che oggi lo usiamo principalmente dall'alto verso il basso, perché ai suoi albori avvenne esattamente il contrario! I primi tentativi di misurare la distanza mediante fasci di luce (non con il laser che venne inventato successivamente) furono effettuati negli anni '30 con i proiettori utilizzati per studiare la struttura dell'atmosfera. Nel 1938 vennero utilizzati impulsi di luce per determinare l'altezza delle nuvole.

L'artefice di questa innovazione si chiamava Edward Hutchinson Synge, un personaggio al quale probabilmente si è tributata meno gloria del dovuto. Synge è stato un fisico irlandese che ha pubblicato una descrizione teorica completa del microscopio ottico a scansione in campo vicino, uno strumento utilizzato oggi nelle nanotecnologie, diversi decenni prima che venisse sviluppato sperimentalmente. Pensate, non ha mai completato l'università, ma ha svolto importanti ricerche originali sia nel campo della microscopia che in quello della telescopia. È stato il primo ad applicare il principio della scansione nell'imaging, che in seguito è diventato importante in un'ampia gamma di tecnologie che usiamo ancora oggi, tra cui la televisione, il radar e la microscopia elettronica a scansione.

Ed ha fatto tutto da solo, vivendo alla periferia di Dublino, senza un laboratorio e senza i finanziamenti di grandi imprese o magnati dell'epoca. E per di più, anche abbastanza osteggiato dai suoi familiari, che ritenevano di poco conto le sue ricerche. Salvo che il buon Synge aveva un amico di penna abbastanza speciale, che rispondeva al nome di Albert Einstein, il quale riceveva gli studi di Synge e pur trovandoli abbastanza bizzarri ed irrealizzabili praticamente (almeno all'epoca), lo incoraggiava a pubblicarli, in quanto tecnicamente corretti ed ineccepibili. E scusate se è poco.

Ma non saremmo arrivati al LIDAR senza il contributo di un altro grande ingegnere: Theodore Harold Maiman. Nel 1960, Maiman dimostrò il primo laser funzionale presso gli Hughes Research Laboratories. La dimostrazione fu un momento cruciale per lo sviluppo del Lidar. Poco dopo, gli ingegneri della Hughes Aircraft Company svilupparono un telemetro laser che utilizzava la luce laser del rubino. Il nuovo dispositivo, denominato colidar (acronimo di coherent light detection and ranging), ottenne un'ampia pubblicità e gli usi cominciarono a moltiplicarsi.

E allora andiamo a vedere chi per primo credette in questa "nuova tecnologia", scoprirete settori ed utilizzi di cui difficilmente si immagina la portata!

CAP 2 – METEOROLOGIA, SPAZIO E NAVIGAZIONE AEREA

Sotto la direzione di Malcolm Stitch, la Hughes Aircraft Company introdusse inoltre il primo sistema simile al Lidar nel 1961, poco dopo l'invenzione del laser. Destinato al tracciamento dei satelliti, questo sistema combinava laser, imaging e la capacità di calcolare le distanze misurando il tempo di ritorno di un segnale utilizzando sensori appropriati e un'elettronica di acquisizione dati. Nel 1962, due studiosi, Smullin e Fiocco utilizzarono un laser a rubino per rilevare gli echi provenienti dalla Luna.

La prima applicazione pratica terrestre di un sistema colidar è stata invece di origine militare: il "Colidar Mark II", un telemetro laser simile a un fucile di grandi dimensioni prodotto nel 1963 con una portata di 7 miglia e una precisione di circa 4 metri, da utilizzare per il puntamento.

Ma già un anno prima, l'utilizzo aveva preso piede in meteorologia. Durante i loro esperimenti Smullin e Fiocco osservarono una luce diffusa nell'alta atmosfera che attribuirono a particelle di polvere. Ben presto, diversi gruppi di ricerca costruirono dispositivi simili per osservare l'atmosfera. Nel 1969, oltre 20 laser erano utilizzati dai meteorologi negli Stati Uniti almeno su base semi-routinaria per varie applicazioni, tra cui la misurazione degli aerosol, l'osservazione dei cirri subvisibili, delle nubi nottilucenti, cioè alcuni tipi di nuvole polari, e la misurazione della visibilità in genere. Il vantaggio dell'uso della luce laser è che la sua lunghezza d'onda è corta e consente di rilevare o misurare oggetti molto piccoli. È per questo che il Lidar è così popolare tra i meteorologi: perché può misurare le particelle delle nuvole e la pioggia.

Il grande pubblico si rese conto, però, dell'accuratezza e dell'utilità dei sistemi Lidar nel 1971 durante la missione Apollo 15, quando gli astronauti utilizzarono un altimetro laser per mappare la superficie della luna. Il Lidar era basato su un laser a rubino emesso da una lampada flash e le missioni Apollo 15 e 17 lo utilizzarono per effettuare alcune migliaia di misurazioni dell'altezza della superficie lunare dall'orbita. Con l'avvento dei laser a diodi alla fine degli anni '80, la durata, l'efficienza, la risoluzione e la massa dei laser e dei Lidar spaziali migliorarono ulteriormente. Tali progressi sono stati utilizzati nelle missioni spaziali della NASA per mappare la forma e la topografia della superficie di Marte con oltre 600 milioni di misurazioni, ma anche per rilevare accuratamente la topografia terrestre e persino misurare la forma dettagliata degli asteroidi.

Ma senza andare così lontano nello spazio, il Lidar ha utilizzi anche in campi a noi molto più vicini come quello della navigazione aerea. Man mano che il volo diventava più performante, dai fratelli Wright ai moderni aeroplani, ovviamente si cominciò a volare più a lungo, più in alto e più velocemente. Per atterrare in sicurezza è necessario sapere quanto si è lontani dal suolo. Durante l'avvicinamento all'atterraggio, conoscere la distanza relativa dal suolo è fondamentale. Come si fa a misurare questa distanza in condizioni in cui la vista umana non funziona, soprattutto in condizioni atmosferiche avverse, come la neve, o di notte?

Nell'esempio dell'aereo che atterra al buio, se il sensore Lidar è installato nell'aereo e puntato verso il suolo, il sensore segnalerà esattamente la distanza dal suolo, fornendo informazioni cruciali di cui il pilota ha bisogno per atterrare in sicurezza.

Ma se il Lidar si è diffuso originariamente a servizio di questi settori, e già non è poco, oggi per cosa lo usiamo? E perché è così potenzialmente importante per il futuro, tanto da parlarne in un libro dedicato al futuro? Questi sono gli argomenti dei prossimi capitoli.

CAP 3 – LE MILLE APPLICAZIONI DEL LIDAR DI CUI (FORSE) NON AVETE MAI SENTITO PARLARE

Esistono due tipi di Lidar, quelli topografici e quelli batimetrici. Il Lidar topografico utilizza tipicamente un laser vicino all'infrarosso per mappare il terreno, mentre il Lidar batimetrico utilizza la luce verde che penetra nell'acqua per misurare anche le quote del fondale marino e del letto dei fiumi. In media, in acque marine costiere abbastanza limpide, il Lidar può penetrare fino a circa 7 m, mentre in acque torbide fino a circa 3 m. Apparentemente non sono profondità notevoli, ma in molti contesti è più che sufficiente a mappare i fondali. Gli scienziati del NOAA americano utilizzano il Lidar per produrre mappe della linea di costa più accurate, per creare modelli di elevazione digitale da utilizzare nei sistemi informativi geografici, per assistere le operazioni di risposta alle emergenze e per molte altre applicazioni. Tra l'altro, i set di dati Lidar per molte aree costiere possono essere scaricati dal portale web dell'Office for Coastal Management Digital Coast e quindi sono perfettamente pubblici per i più svariati usi.

Il Lidar ha anche sorprendenti applicazioni in agricoltura. Come vi ho raccontato quando abbiamo parlato di agricoltura, i robot agricoli vengono utilizzati per una varietà di scopi che vanno dalla dispersione di sementi e fertilizzanti, alle tecniche di rilevamento e analisi delle colture per il controllo delle erbe infestanti. Il Lidar può aiutare, per esempio, a determinare dove applicare il costoso fertilizzante. Può creare una mappa topografica dei campi e rivelare le pendenze e l'esposizione al sole dei terreni agricoli. I ricercatori dell'Agricultural Research Service hanno utilizzato questi dati topografici insieme ai risultati di resa dei terreni agricoli degli anni precedenti, per classificare i terreni in zone ad alta, media o bassa resa. E questo insegna dove applicare il fertilizzante per massimizzare la resa in futuro.

Ma, più recentemente, il Lidar è stato utilizzato persino per monitorare gli insetti nei campi. L'uso del Lidar può rilevare il movimento e il comportamento dei singoli insetti volanti, con identificazione fino al sesso e alla specie. Nel 2017 è stata pubblicata una domanda di brevetto su questa tecnologia negli Stati Uniti, in Europa e in Cina. Analogamente è utile per il riconoscimento delle specie infestanti. Questo può essere fatto utilizzando il Lidar 3D e l'apprendimento automatico. Il Lidar produce i contorni delle piante come una "nuvola di punti" con valori di portata e riflettanza, l'algoritmo le riconosce ed eventualmente suggerisce anche come trattarle.

Il Lidar ha trovato molte applicazioni anche in campo forestale. L'altezza delle chiome, la misurazione della biomassa e l'area fogliare possono essere studiate con sistemi Lidar aviotrasportati. Il Lidar è stato applicato anche per stimare e valutare la biodiversità di piante, funghi e animali. Per esempio, come ci racconta uno studio del 2014, se potessimo mappare la struttura dell'habitat su grandi scale spaziali, potremmo usare le relazioni "struttura dell'habitat-diversità delle specie" per costruire modelli a supporto della pianificazione della conservazione delle specie. Quello che nel 2014 era un auspicio, oggi è possibile grazie al Lidar ad una frazione del costo di altre tecnologie precedenti. E non parliamo di un secolo fa, ma del 2014!

Oltre a localizzare gli oggetti, il Lidar viene utilizzato anche per calcolare la fluorescenza e la biomassa del fitoplancton sulla superficie dell'oceano, operazione altrimenti molto impegnativa. Davvero una tecnologia a tutto campo.

Al di là di questi bellissimi utilizzi in campo ambientale, forse non sapete che il Lidar è utilizzato anche a supporto della produzione di energie pulite. I Lidar vengono utilizzati per aumentare l'energia prodotta dai parchi eolici misurando con precisione la velocità e la turbolenza del vento. Sistemi Lidar sperimentali possono essere montati sulle turbine eoliche o integrati nello spinner rotante per misurare i venti orizzontali in arrivo e i venti nella scia della turbina eolica, così da regolare in modo proattivo ed in real-time le pale per proteggere i componenti e aumentare la potenza.

Ma anche il solare non scappa. Il Lidar può anche essere utilizzato per assistere i progettisti e gli sviluppatori nell'ottimizzazione degli impianti solari fotovoltaici a livello urbano, determinando le coperture appropriate e per analizzare gli ombreggiamenti. Recenti sforzi di scansione laser aviotrasportata si sono concentrati su come stimare la quantità di luce solare che colpisce le facciate verticali degli edifici, incorporando nelle stime le perdite di ombreggiamento causate dalla vegetazione e dalle costruzioni circostanti.

E se non foste soddisfatti del già lungo elenco che vi ho presentato, i più smanettoni saranno felici di sapere che le superfici di molti oggetti presenti nei videogame sono realizzate a partire da accurate scansioni Lidar degli originali. Quando correte su una fiammante automobile da corsa che assomiglia a quella reale, potrebbe essere molto di più di una somiglianza, potrebbe essere stata ricostruita digitalmente uguale a quella vera al millimetro, dopo una scansione Lidar. Persino Minecraft utilizza dati basati su scansioni Lidar per generare i terreni e le relative altezze senza errori.

Insomma, questa tecnologia è ampiamente tra noi e nel prossimo capitolo vi racconto l'uso che più di tutti mi ha lasciato a bocca aperta e del quale probabilmente avrete sentito parlare: l'archeologia.

CAP 4 – LA RIVOLUZIONE DELL'ARCHEOLOGIA, LE CITTA' RITROVATE

Capisco che parlare di archeologia in un testo che tratta le tecnologie del futuro, potrebbe stridere un po', ma se mi date un minuto vi spiego tutto.

Non più tardi dell'estate del 2023, nel Guatemala settentrionale sono stati scoperti quasi 1.000 insediamenti Maya precedentemente nascosti nella vegetazione grazie alla scansione laser Lidar dall'alto. L'area coperta da questi insediamenti è incredibilmente vasta: gli edifici e le strutture individuate dai ricercatori si estendono su 1.683 chilometri quadrati del bacino carsico di Mirador-Calakmul e dei suoi immediati dintorni. Questi luoghi sarebbero stati occupati tra il 1.000 e il 250 a.C. circa ed erano densamente popolati. Le nuove scoperte sono numerose: edifici, tra cui case, campi sportivi, centri religiosi, cerimoniali e civici, nonché estese reti di strade rialzate e canali che collegano i luoghi tra loro. La mappa risultante mostra un'area composta da 964 insediamenti suddivisi in 417 città, paesi e villaggi Maya interconnessi tra loro.

E non è tutto, si ritrovano anche prove di sistemi intelligenti di drenaggio e di raccolta dell'acqua, che consentivano un più facile spostamento dell'acqua tra gli insediamenti in tempi di siccità o di inondazioni, un'attività in cui i Maya erano esperti.

Cosa ha reso possibile tutto questo? In realtà, il Lidar qui è co-protagonista grazie alla combinazione con ulteriori innovazioni emerse nel tempo. Dopo l'invenzione del laser nel 1960, il Lidar è stato realizzato per la prima volta utilizzando gli aeroplani come piattaforma per il raggio laser. Tuttavia, solo con l'arrivo delle apparecchiature Global Positioning System (cioè, i GPS) e delle unità di misura inerziali (IMU), disponibili in commercio alla fine degli anni '80, è stato possibile ottenere dati Lidar accurati. Per calcolare la distanza tra un aereo in movimento ed il ritorno del laser, infatti era necessario sapere con estrema precisione anche dove si trovasse l'aereo.

A metà degli anni '90, gli scanner Lidar erano in grado di produrre da 2.000 a 25.000 impulsi al secondo e venivano utilizzati principalmente per la mappatura topografica della superficie terrestre. Questa tecnologia, benché primitiva rispetto a quella disponibile oggi, aiutava i governi a pianificare le strade e i geometri e le imprese di costruzione a pianificare i luoghi migliori in cui collocare gli edifici, soprattutto su terreni irregolari.

Oggi con oltre 400.000 impulsi al secondo, la tecnologia ha fatto un salto quantico, ma i risultati incredibili ottenuti in Guatemala sono figli anche dell'evoluzione del software. Il Lidar aviotrasportato consiste infatti nella creazione di un modello a nuvola di punti 3D del paesaggio ed è anche grazie al software che oggi possiamo vedere con precisione e dare un senso a quello che viene rilevato.

Ed ecco allora che nell'ultimo decennio le scoperte si sono susseguite ad un ritmo mozzafiato. Un altro esempio è il lavoro svolto a Caracol da

Arlen Chase e da sua moglie. Nel 2012, il Lidar è stato utilizzato per cercare la leggendaria città di La Ciudad Blanca o "Città del Dio Scimmia" nella regione di La Mosquitia, nella giungla honduregna. Durante un periodo di mappatura di sette giorni, sono state trovate prove di strutture costruite dall'uomo. Nel giugno 2013 è stata annunciata la riscoperta della città di Mahendraparvata, antica città dell'Impero Khmer in Cambogia. Nella stessa regione, i dati del Lidar sono stati utilizzati da Damian Evans e Roland Fletcher per rivelare i cambiamenti antropici (cioè, l'impatto dell'uomo) nel paesaggio di Angkor, dove risiede il famoso complesso di templi più grande del mondo. Un luogo che non solo è meraviglioso, ma ancora in buona parte da decifrare.

Nel 2012, il Lidar ha rivelato che l'insediamento storico di Purépecha in Messico, aveva un numero di edifici pari a quello dell'odierna Manhattan. Nel 2016, il suo utilizzo per la mappatura delle antiche strade Maya nel nord del Guatemala, ha rivelato 17 strade sopraelevate che collegavano l'antica città di El Mirador ad altri siti. Nel 2018, gli archeologi che hanno utilizzato il Lidar hanno scoperto più di 60.000 strutture costruite dall'uomo nella Riserva della Biosfera Maya, una svolta importante che ha dimostrato che la civiltà Maya era molto più grande di quanto si pensasse in precedenza.

E gli esempi potrebbero continuare a lungo. Pensate a quante giungle, fondali marini ed aree del mondo che sono poco note, poco esplorate e che potrebbero riservarci incredibili sorprese negli anni a venire. A noi resta solo lo sforzo di tenere le orecchie tese, l'archeologia sta lentamente riscrivendo interi pezzi di storia.

CAP 5 – LIDAR ED AUTO A GUIDA AUTONOMA

Finora abbiamo parlato di usi del Lidar lanciando il segnale in verticale, verso lo spazio infinito in alto, o verso il suolo per studiare terreni e fondali. Ma nel caso delle automobili, lo strumento può essere usato anche in orizzontale, per capire cosa c'è attorno.

Se avete mai visto un veicolo autonomo, avrete forse notato un tubo che gira rapidamente montato sul tetto. Si tratta di un'unità Lidar. Il suo ruolo è quello di misurare la distanza degli oggetti rispetto alla posizione dell'auto e contemporaneamente costruire una mappa in 3D dell'area circostante. Esattamente in base ai principi che vi ho descritto poco fa.

Ad essere sinceri, il Lidar è costoso, ma il calo dei costi dei componenti e l'aumento dell'offerta stanno portando a una maggiore adozione della tecnologia. Attualmente esistono oltre 150 produttori di Lidar, otto dei quali sono persino quotati in Borsa. A gennaio 2022, secondo le ultime stime di Bloomberg NEF, 17 case automobilistiche mondiali stavano producendo 21 modelli di autovetture dotate di Lidar. Le case automobilistiche incorporano la tecnologia Lidar nei sistemi avanzati di guida (ADS) e nei sistemi avanzati di assistenza alla guida (ADAS). Sia negli ADS che negli ADAS, un sensore Lidar che ruota o gira rapidamente nella parte superiore del veicolo crea un campo visivo di 360 gradi per fornire un'immagine completa dell'ambiente circostante.

Ma sul tema della visione da parte delle auto autonome ci sono varie scuole di pensiero. I sensori attualmente utilizzati nel modulo di percezione della guida autonoma comprendono principalmente telecamere, radar a onde millimetriche, radar a ultrasuoni o Lidar. La telecamera ha i vantaggi dell'alta risoluzione, velocità, trasmissione di molte informazioni e basso costo; il Lidar ha i vantaggi di un'accurata percezione 3D ed è ricco di informazioni.

Aziende come Waymo e Cruise ritengono che il Lidar sia essenziale per costruire servizi di mobilità con veicoli completamente autonomi. Aziende come Tesla ritengono invece che il Lidar non sia necessario, preferendo il rendering neurale, che utilizza una rete neurale per acquisire e generare immagini tridimensionali da istantanee bidimensionali. Quindi software e telecamere invece che software e Lidar.

Molti esperti ritengono che le immagini generate dalle telecamere siano più precise del Lidar. A differenza delle telecamere, però, il Lidar non viene ingannato dalle ombre, dalla luce del sole o dai fari di altre auto in arrivo. Per gli ADS, il Lidar è considerato lo standard in termini di profondità e dimensioni per individuare la distanza tra gli oggetti e lo fa più velocemente di radar e telecamere. Per gli ADAS, i dati del sensore possono contribuire a migliorare i tempi di reazione e l'accuratezza di funzioni quali l'assistenza al mantenimento della corsia e la frenata automatica di emergenza.

In compenso, per essere utili, i dati delle mappe generati da Lidar o telecamere devono essere accuratamente etichettati, un lavoro impegnativo che può essere difficile da scalare. Una mappa di forme 3D deve essere descritta all'algoritmo per prendere senso: un cubo diventa una casa, un segnale a triangolo un divieto, una forma umana un pedone e così via per tutte le possibili casistiche tipo che il software può incontrare.

Esistono data set pubblici che possono essere usati per fare training agli algoritmi. Se le auto di Ford e Benz hanno cominciato a farsi le ossa fisicamente a Detroit e Mannheim oltre un secolo fa, le nuove auto autonome possono imparare da scenari raccolti a Karlsruhe, Singapore, Boston ma anche Pechino, Toronto o la Silicon Valley... senza averci mai fisicamente messo piede. O ruota.

Infine, per non farsi mancare nulla, va anche detto che anche il radar, di cui a volte si parla meno, è cruciale. I sistemi basati su radar funzionano in condizioni di scarsa visibilità e coprono un raggio d'azione relativamente più lungo di tutte le altre soluzioni.

Affascinante e intricato no? Costi, performance, difetti, necessità di etichettare gli oggetti per l'AI etc... qual è la soluzione migliore? Tecnicamente per arrivare ad avere veicoli completamente autonomi, la realtà è che le tre tipologie di strumenti, Lidar, radar e telecamere insieme darebbero risultati straordinari, ognuno con compiti specifici e guidati da un sistema di intelligenza artificiale molto ben preparato. Chiaramente più tecnologia si monta a bordo, più salgono i costi, più il computer centrale del veicolo si deve interfacciare con e gestire fonti di dati diversi e quindi l'argomento è tutt'altro che banale.

Noi ovviamente non siamo qui a parteggiare per alcuna tecnologia. Elon Musk ha forse ragione quando dice che noi ci muoviamo grazie alla vista ed al cervello; quindi, una soluzione basata su telecamere e reti neurali sarebbe più simile al comportamento umano, ma io sono abbastanza certo che il Lidar qui non cederà lo scettro tanto facilmente.

CAP 6 – IL FUTURO DEL LIDAR

Il futuro del Lidar è chiaramente legato al futuro dell'industria automobilistica. Non perché sia l'unica applicazione possibile, bensì perché farà da traino. Il mercato dei Lidar per applicazioni automobilistiche, si stima crescerà fino a 8,4 miliardi di dollari entro il 2033. La richiesta di adozione dei Lidar nell'industria automobilistica spingerà enormi investimenti e, di conseguenza, la rapida progressione dei Lidar, con le innovazioni nelle tecnologie di guida, il miglioramento delle prestazioni e la riduzione dei costi dei componenti del ricetrasmettitore. Questi sforzi consentiranno ai Lidar di essere implementati in uno scenario applicativo più ampio, al di là dell'uso convenzionale e delle automobili.

Da un punto di vista tecnico il Lidar migliorerà in termini di miniaturizzazione e di consumo energetico. E questo è proprio legato al settore auto. Da una parte la sete di autonomia continua a crescere, dall'altra né le case automobilistiche né i consumatori vogliono che la tecnologia alteri in modo significativo l'estetica di un veicolo.

Ma la ricerca tecnologica e l'abbassamento dei costi dovuti alle economie di scala porteranno il Lidar verso frontiere ancora parzialmente inesplorate. Il rilevamento 3D con il Lidar potrebbe diventare, grazie alla sua precisione millimetrica, lo standard con il quale vorremo che le macchine ed i robot guardino il mondo oltre che una tecnologia incredibilmente precisa per vedere e misurare quello che oggi l'occhio umano non riesce a percepire.

Vi faccio qualche esempio. La NASA ha sviluppato uno strumento basato sul Lidar chiamato GEDI (Global Ecosystem Dynamics Investigation) per la Stazione Spaziale Internazionale, che fornisce una visione 3D unica delle foreste della Terra e aiuta a fornire informazioni sul ciclo del carbonio che prima non erano disponibili. GEDI fornisce informazioni vitali sull'impatto che gli alberi hanno sulla quantità di carbonio nell'atmosfera. Grazie a queste informazioni, gli scienziati sono ora in grado di capire l'esatto livello di carbonio che le foreste immagazzinano e il numero di alberi che dovrebbero essere piantati per compensare l'effetto delle emissioni a effetto serra.

Il Lidar ha anche grandi potenzialità nella misurazione del volume di grandi masse di materiali dalle forme irregolari o, semplicemente naturali. Pensate alle pile di materiali di scarto che devono essere trattate nelle stazioni di smaltimento dei rifiuti. Oppure nel valutare quanto materiale è prelevabile da una cava o da una miniera. Oppure semplicemente nella misurazione degli inventari: come fa un'azienda a misurare la quantità di sabbia, di grano o di altre materie prime che ha stoccate all'aperto? Il Lidar è in grado di misurare ed evitare rotture di stock, errori in produzione, furti e mancanze.

Anche in edilizia è atteso il boom del Lidar. Per due motivi. Primo perché potrebbe essere, analogamente ai veicoli autonomi, alla base del movimento di robot e mezzi di cantiere durante le attività di costruzione. Secondo perché, se un edificio esistente è stato scansionato con il Lidar, le misurazioni sono perfette e tutta la mappa del luogo e dei materiali usati può essere conservata per futuri utilizzi. Lo storico Andrew Tallon, per esempio, usò la scansione Lidar su Notre Dame nel 2010 raccogliendo oltre 1 miliardo di "punti" e realizzando una mappa straordinaria di un luogo così iconico. Utilizzando scanner laser posizionati su treppiedi, ha catturato ogni aspetto dell'edificio, talvolta mettendo da parte le preoccupazioni per la propria sicurezza per scalare gli alti cornicioni dell'edificio. Ha anche scattato foto panoramiche a colori e le ha utilizzate per aggiungere dati RGB alla nuvola di punti. Solo passione personale? Un esercizio di stile? Desiderio di visibilità? Pensatela come volete, ma dopo l'incendio catastrofico del 2019 della meravigliosa chiesa parigina, oggi gli specialisti chiamati alla ricostruzione hanno modelli CAD dell'intera cattedrale costruita nel 1163.

Persino in ambito spaziale sono attese evoluzioni. Il Lidar ha permesso di progredire nella conoscenza del sistema solare attraverso studi geofisici e atmosferici della Luna, di Mercurio, di Marte e di diversi asteroidi. Questa tecnica continuerà ad essere utilizzata per ottenere dati topografici di alta precisione dall'orbita, ma le nuove tecniche che si profilano all'orizzonte sono adatte ad affrontare in modo unico le questioni fondamentali della scienza planetaria relative all'evoluzione dei corpi privi di aria, al rilascio e al sequestro dei volatili, al trasporto atmosferico e alla formazione ed evoluzione dei piccoli corpi.

Insomma, lunga vita al Lidar ed alle sue infinite applicazioni in grado di migliorare il modo in cui vivremo domani!

LE TECNOLOGIE CONTRO LA SICCITA'

CAP 1 – LA SITUAZIONE IDRICA ITALIANA

Secondo i dati del Consiglio nazionale delle ricerche, quasi il 15% della popolazione italiana vive ormai in zone a rischio di siccità estrema. Una situazione di emergenza che minaccia l'agricoltura ed anche le forniture di acqua potabile. Non voglio essere inutilmente catastrofista, ma per parlare di futuro bisogna partire almeno da una breve analisi della situazione attuale. Facciamo riferimento ai dati di questa estate.

A soffrire per la siccità sono tutti i corsi d'acqua del Nord Italia, nessuno escluso, in particolare il Po che a Torino ha una portata 4 volte più bassa della norma, mentre al ponte della Becca a Pavia è ben 3,2 metri sotto lo zero idrometrico. La situazione non è migliore al Centro dove il Tevere è in costante decrescita dall'Umbria sino alla sua foce, mentre il lago di Bracciano è sceso di 14 centimetri rispetto al 2022 e di circa 30 rispetto al 2021. Stesso discorso anche in alcune zone del Sud. In Campania, in particolare, il Garigliano è sceso di circa un metro in meno di un mese (dati di febbraio) e il Vulturno ha registrato i livelli più bassi degli ultimi sei anni dalla sorgente in Molise fino alla foce.

Per Coldiretti, in Italia sono circa 300 mila le imprese agricole che si trovano nelle aree più colpite dall'emergenza, e per circa 3,5 milioni di italiani, l'acqua dal rubinetto potrebbe non essere più scontata. La situazione più drammatica si registra nel bacino della Pianura padana, dove nasce quasi un terzo dell'agroalimentare made in Italy e la metà dell'allevamento, con le tantissime eccellenze che danno origine alla food valley italiana conosciuta in tutto il mondo.

Il valore del "problema" è decisamente importante. La siccità del 2022 ha causato danni all'agricoltura pari a 6 miliardi di euro, il triplo del precedente evento di portata rilevante datato 2017. Il 2023 sicuramente aggiungerà altre perdite a questa triste conta.

NON PIOVE, NON NEVICA

Non piove, la neve accumulata in montagna è ampiamente insufficiente (è dimezzata rispetto allo standard) e quindi il suo scioglimento non aiuterà in primavera. I frequenti eventi caratterizzati da fortissime piogge in brevissimo tempo e temperature elevate che fanno poi evaporare l'acqua in eccesso, non dipingono uno scenario roseo. Infine, i meteorologi ci raccontano che gli anticicloni africani si spingono sempre più verso nord, mentre le correnti occidentali che portavano "sane" perturbazioni, sono in costante indebolimento. E il fenomeno sta diventando se non strutturale, quantomeno più ricorrente.

Nel frattempo, purtroppo, per motivi contingenti e a causa anche della scadente pianificazione sprechiamo parte dell'acqua che abbiamo. Puglia e Molise, ad inizio mese, hanno sversato in mare 40 milioni di metri cubi di acqua per timore che la diga di Occhito potesse traboccare visto che l'invaso era praticamente pieno. In Val d'Aosta la neve non ha attecchito sulle Alpi a causa delle alte temperature e quindi ha ingrossato la Dora Baltea, che ovviamente ha poi scaricato l'acqua a valle che si è persa in mare senza poter essere trattenuta.

UNA RETE COLABRODO E INVESTIMENTI SCARSI

E anche quando riusciamo a catturarla quest'acqua benedetta, l'Istat nel 2021 ci ha raccontato numeri sconfortanti. Secondo gli ultimi dati disponibili, in un anno vengono immessi nella rete idrica italiana 8,2 miliardi di metri cubi di acqua, di cui ne vengono utilizzati 4,7 miliardi. Gli altri 3,5 miliardi di metri cubi vengono dispersi a causa delle cattive condizioni dell'infrastruttura idrica, cioè di tubi vecchi e rotti che perdono. Lo spreco è pari al 42%, circa il doppio della media europea.

Ma le perdite si riparano dirette voi. Mica tanto. In Italia, secondo la federazione delle utilities italiane, si spendono tra i 32 ed i 34 euro annui per abitante in investimenti nel settore, in Germania 80, in Francia 88, in Danimarca 129. Quindi da noi si spende poco. Col risultato che l'acqua è meno costosa, ma lo stato di salute degli acquedotti è peggiore che in altri Paesi. Al ritmo attuale di investimenti, per rinnovare completamente la rete, impiegheremmo circa 250 anni. Il fatto di essere i discendenti dei romani, esperti di strade ed acqua, sembra un errore storico.

Il blasonato PNRR ha previsto investimenti per circa 900 milioni per ridurre le perdite del 15%. Ma considerato che il 2023 è l'anno degli appalti ed il 2026 quello di previsione fine lavori (chiaramente non ancora iniziati), di sicuro eventuali impatti positivi saranno a medio termine.

E l'acqua che arriva ai nostri rubinetti, tra l'altro, sembra sempre più gradita. La fiducia è cresciuta nel tempo: nel 2002 solo il 59,9 per cento delle famiglie diceva di bere tranquillamente l'acqua dal rubinetto, mentre nel 2020 la percentuale è aumentata fino al 71,6 per cento. E quindi ne usiamo di più anche per questo.

Infine, non va dimenticato che utilizziamo l'acqua anche per la produzione di energia. Le centrali termoelettriche italiane ne usano circa 2 miliardi di metri cubi. Per fortuna, almeno da questo punto di vista, non abbiamo centrali nucleari, altrimenti il saldo crescerebbe notevolmente visto che in quel settore viene utilizzata anche per raffreddare gli impianti; anche se, a onor del vero, in quel caso si potrebbe utilizzare l'acqua di mare.

Riassumendo lo scenario che vi ho rappresentato, possiamo dire che cittadini, industrie, agricoltura ed impianti per la produzione di energia si contendono una risorsa sempre più scarsa che, non a caso comincia a diventarci familiare con il nome di "oro blu".

PROBLEMA EUROPEO E GLOBALE

Anche tutti gli altri continenti del mondo stanno vivendo una grave siccità, tranne l'Antartide. L'ONU ha avvertito che altri 130 Paesi potrebbero essere colpiti da siccità entro il 2100, se non si interviene per frenare il cambiamento climatico. Ma già nel 2025, secondo il World Wildlife Fund, due terzi della popolazione mondiale potrebbero trovarsi di fronte a carenze idriche. E questo potrebbe causare conflitti, instabilità politica e lo sfollamento di milioni di persone.

Sebbene la maggior parte del nostro pianeta sia coperta dall'acqua (in totale sono circa 10.000 miliardi di metri cubi), solo il tre per cento di essa è acqua dolce e solo un terzo di questa è disponibile per gli esseri umani, poiché il resto è congelato nei ghiacciai o inaccessibile nelle profondità del sottosuolo. Nel frattempo, il riscaldamento globale continua a sciogliere ogni anno più ghiacciai e ad aumentare l'evaporazione, riducendo le nostre risorse di acqua dolce.

Come avrete intuito ascoltando i dati appena raccontati, il problema è complesso e posso dire con grande sincerità che non esiste una singola tecnologia in grado di risolvere da sola la situazione. Ne esistono però due che hanno pregi e difetti importanti, che è bene conoscere prima di lanciarsi in affermazioni superficiali. La desalinizzazione e la semina delle nuvole. Queste sono l'oggetto dei prossimi capitoli.

CAP 2 – SEMINA DELLE NUVOLE

La semina delle nuvole, cioè la pratica di aggiungere sostanze chimiche come lo ioduro d'argento alle nuvole per indurre pioggia o neve, esiste da decenni. I primi esperimenti, da parte di Vincent J. Schaefer risalgono addirittura al 1946.

La tecnologia funziona secondo il principio della nucleazione. L'intento della semina delle nuvole è quello di introdurre particelle di aerosol in una nuvola. Questa aggiunta può influenzare lo sviluppo naturale delle precipitazioni: l'obiettivo, chiaramente, è quello di aumentarle in aree mirate. Si inizia con l'introduzione di aerosol di ioduro d'argento in regioni nuvolose contenenti acqua liquida super raffreddata, cioè un'acqua che esiste allo stato liquido sotto il punto di congelamento, che porta alla nucleazione di cristalli di ghiaccio. Quando questi diventano sufficientemente grandi, cadono come pioggia o neve.

Attualmente otto Stati degli Stati Uniti occidentali utilizzano la semina delle nuvole. Qualche tempo fa raccontavo dello stato dell'Idaho, che ha usato esattamente questo meccanismo per forzare la neve sulle montagne. Ma non per scopi turistici, bensì perché quella neve in primavera si sarebbe sciolta alimentando le centrali di produzione dell'energia idroelettrica. Quanta neve? Un numero impressionante: 1,2 km cubi di acqua aggiuntiva, ottenuti spendendo appena 2 milioni di dollari per la missione di cloud seeding. Trattandosi del primo vero caso in cui si è riuscito a quantificare il beneficio, la tecnologia ricevette un notevole impulso ottimistico, anche se dobbiamo dire che non è tutto oro quel che luccica.

SVANTAGGI POTENZIALI

L'approccio presenta anche degli svantaggi. Primo, per ora c'è consenso da parte degli scienziati solo sul fatto che alcune forme di inseminazione delle nuvole potrebbero aumentare le precipitazioni fino al 20% se mirate alle nuvole invernali nelle aree montane. Inoltre, per quanto sembri un'affermazione ovvia e banale, è necessario che le nuvole siano presenti. E che l'acqua al loro interno sia in quello stato particolare per essere trattata con lo ioduro d'argento, altrimenti non serve a nulla. Durante gli eventi di caldo estremo, le nuvole possono scarseggiare perché c'è meno acqua al suolo da far evaporare nell'atmosfera sovrastante. Nella migliore delle ipotesi, quindi, la semina delle nuvole estiva sarebbe appena "marginalmente efficace" come misura di mitigazione della siccità. Per farla funzionare serve programmare in anticipo, sin dall'inverno.

In compenso in Alberta, la semina delle nuvole viene utilizzata per ridurre le grandinate nelle stagioni estive, anticipando la caduta di pioggia senza aspettare che gli eventi provochino gravi danni all'agricoltura.

Ma il tema più importante è il fatto che le sostanze chimiche aggiunte alle nuvole ricadranno in seguito sulle persone, sulle colture e nell'acqua potabile. E non si tratta necessariamente dello ioduro d'argento, ma anche di propano liquefatto, cloruro di sodio e di calcio, ed altri candidati i cui effetti per questi scopi non sono ancora stati compiutamente analizzati.

In tutta risposta, gli Emirati Arabi Uniti, un Paese che lotta contro il caldo torrido e le scarse precipitazioni, sta provando una nuova tecnologia. Usano droni per colpire le nuvole con cariche elettriche. Questo fa sì che le gocce d'acqua più piccole si combinino in gocce più grandi, innescando così le piogge, senza l'uso di sostanze chimiche. La semina delle nuvole può potenzialmente aumentare le precipitazioni del 35%, il che contribuirebbe notevolmente ad alleviare la siccità e la scarsità d'acqua.

L'ESPERIENZA CINESE

Sempre in Cina, dopo aver subito una delle più lunghe e peggiori siccità della sua storia nel 2022, si è ricorsi a questa tecnica attraverso l'utilizzo di una combinazione di sostanze chimiche lanciate in cielo da razzi per innescare artificialmente il rilascio di pioggia. Recentemente, il Paese asiatico ha utilizzato anche i droni per sganciare dei piccoli carichi di ioduro d'argento utilizzati per generare la pioggia.

Ma i cinesi l'avevano già usata in passato per altri scopi. La Cina ha utilizzato la semina delle nuvole a Pechino poco prima dei Giochi Olimpici del 2008, per avere una stagione olimpica asciutta. Secondo una ricerca dell'Università Tsinghua, il 1° luglio 2021 le autorità meteorologiche cinesi hanno utilizzato la tecnologia per garantire un cielo sereno e un minore inquinamento atmosferico.

Ma l'aspetto più rilevante, a mio avviso, è che vi sono stati persino conflitti politici causati da regioni confinanti che si accusano a vicenda di "rubare la pioggia" utilizzando l'inseminazione delle nuvole. E questo è un altro tema non sufficientemente esplorato. A quando il primo litigio tra Francia ed Italia per essersi rubate la pioggia o la neve sulle Alpi?

CAP 3 – LA DESALINIZZAZIONE

La desalinizzazione è quella tecnologia che potrebbe regalarvi un "eureka moment", ma certo, perché non ci abbiamo pensato prima, basta togliere il sale all'acqua di mare che è abbondante! Ma potrebbe anche gettarvi nella delusione più completa quando scoprite quanto costa e quanta energia consuma.

Ma andiamo con ordine, perché ci sono sia pregi che difetti. Ogni giorno vengono prodotti circa 53 miliardi di litri di acqua potabile desalinizzata da migliaia di impianti sparsi lungo le coste di Cina, India, Australia, Spagna e altri Paesi con scarse riserve di acqua dolce. Vi sembra un numero grande? In Italia consumiamo circa 220 litri di acqua a testa al giorno. Se dividete 53 miliardi per 220 litri avrete un sonoro 240 milioni: gli italiani sono circa 60 milioni, che sta 4 volte esatte in 240. Quindi ogni giorno, nel mondo intero, viene prodotta acqua desalinizzata che basterebbe alla popolazione italiana per appena 4 giorni. Non un granché a pensarci bene.

Secondo l'Associazione Internazionale di Desalinizzazione, Ras Al-Khair, in Arabia Saudita, è il più grande impianto di desalinizzazione del mondo, con una produzione di oltre 1 miliardo di litri di acqua potabile al giorno, più di cinque volte la capacità di Carlsbad, l'impianto gioiello costruito in California. In Israele, in compenso, questa tecnologia produce circa un quarto dell'approvvigionamento idrico della Nazione.

SERRE DI MARE IN ARABIA SAUDITA

L'uso Saudita è intrigante e più ampio rispetto alla mera produzione di acqua. Il progetto Seawater Greenhouse sfrutta la potenza di due cose di cui disponiamo in abbondanza, l'acqua di mare e la luce del sole, per coltivare il cibo in mezzo al deserto. Infatti, la società che ha realizzato il progetto ha creato serre d'acqua di mare in località costiere aride e soleggiate come l'Oman, gli Emirati Arabi Uniti e l'Australia nell'ultimo decennio e, più recentemente, in Somalia. Attraverso un metodo innovativo di desalinizzazione, delle serre completamente alimentate a energia solare utilizzano l'acqua salata, convogliata direttamente dal mare in pozzi, per creare condizioni ideali per l'agricoltura.

Risultato? File di frutta o verdura impossibili da coltivare in un deserto crescono rigogliose, così come cetrioli succosi, pomodori belli tondi e lamponi rossi brillanti che sfidano le condizioni climatiche di contorno. E il bello di una serra di acqua di mare è che l'acqua può essere riutilizzata in modo efficiente. Con la crescita delle piante, esse fanno evaporare l'acqua attraverso le foglie e i fiori in un processo chiamato traspirazione. Le piante perdono più acqua rapidamente in condizioni calde e secche, ma dentro le serre il microclima più fresco e umido fa sì che le piante richiedano meno acqua dolce e meno irrigazione, riducendo così il consumo di acqua e i costi complessivi.

CONSUMO DI ENERGIA

Tutto bello no? Mica tanto. L'impianto di desalinizzazione di Carlsbad, nella contea di San Diego, fornisce ogni giorno acqua potabile a 400.000 abitanti della contea. Un decimo dell'approvvigionamento idrico totale dell'intera contea. Il problema però è che, mentre l'impianto di Carlsbad utilizza un sistema di generazione a energia solare e motori ad alta efficienza energetica, molti impianti di desalinizzazione utilizzano combustibili fossili o energia nucleare, il che spiega in parte l'esitazione degli ambientalisti nei confronti di questa tecnologia.

Per capire perché serve tanta energia, bisogna parlare brevemente del processo. In primo luogo, l'acqua dell'oceano passa attraverso un filtro di ghiaia, sabbia e carbone che elimina le sostanze in sospensione. Due, l'acqua entra in un processo che rimuove le particelle più piccole, i virus e i batteri. Mentre la terza fase del filtraggio, che rimuove il sale, è la più critica energeticamente parlando, perché il sale non è sospeso nell'acqua, bensì è dissolto nella stessa. È necessario applicare una pressione enorme per far passare l'acqua salata attraverso il filtro. Nell'impianto di Carlsbad, ci sono una serie di pompe che complessivamente esercitano settemila cavalli di energia, giorno e notte. La Ferrari della stagione 2022 aveva un motore da 1.035 CV per intenderci, immaginatelo acceso ed a pieno regime 24 ore su 24, moltiplicato per sette.

Tutto questo ha un costo. L'impianto di Carlsbad aggiungerà da cinque a sette dollari al mese alla bolletta della famiglia media, ma l'Autorità idrica di San Diego prevede che, nel giro di un decennio, l'acqua desalinizzata diventerà meno costosa dell'acqua importata: con la diminuzione delle riserve di acqua dolce, il costo dell'acqua importata nelle città della California meridionale è aumentato di oltre il sette per cento all'anno.

IMPATTO SULL'AMBIENTE MARINO

Per quanto riguarda le persistenti preoccupazioni sull'impatto della desalinizzazione sulla vita marina, i dati sono limitati e vaghi. A livello globale, sono state condotte poche ricerche che non hanno evidenziato danni significativi alle popolazioni ittiche. Semmai, sembra che la deviazione di grandi quantità di acqua dolce dai fiumi possa essere molto più dannosa per l'ambiente rispetto alla desalinizzazione, ma è difficile generalizzare dato l'impatto principalmente locale di ogni impianto.

Gli scienziati californiani sono in genere meno preoccupati dell'impatto ecologico di ciò che esce dagli impianti di desalinizzazione (una sostanza chiamata salamoia) rispetto a ciò che entra. Lo scarico ad alta salinità dell'impianto di Carlsbad deve essere diluito, secondo la legge californiana, prima di essere restituito al mare. Per ogni gallone di effluente vengono mescolati quattro galloni di acqua di mare, il che significa che l'acqua che ritorna nell'oceano non ha una salinità superiore del 20% a quella dell'oceano stesso.

Il desalinizzatore ha comunque un potenziale impatto sull'ambiente marino perché la salamoia non è semplicemente acqua più salata di quella marina, ma contiene anche rame e dal cloro utilizzati per pretrattare l'acqua e impedire che sporchi le membrane. A livello globale, si stima che ogni giorno oltre 155 milioni di tonnellate di salamoia vengano scaricate nell'oceano. Se la salamoia viene rilasciata in un'area calma dell'oceano, affonda sul fondo dove può minacciare la vita marina.

Uno studio del 2019 sull'impianto di desalinizzazione di Carlsbad, vicino a San Diego, che appunto diluisce la salamoia prima di rilasciarla, ha rilevato che non ci sono stati impatti diretti sulla vita marina, ma i livelli di sale hanno superato i limiti consentiti e il pennacchio di salamoia si è esteso più al largo di quanto consentito.

EMISSIONI DI CO2

I desalinizzatori purtroppo possono anche essere responsabili di emissioni di CO_2. Molti impianti mediorientali, infatti, utilizzano vecchie centrali termiche che funzionano con combustibili fossili. Di conseguenza, gli impianti di dissalazione sono attualmente responsabili dell'emissione di 76 milioni di tonnellate di CO_2 all'anno. Poiché si prevede che la domanda di dissalazione aumenterà, le emissioni globali legate alla dissalazione potrebbero raggiungere i 400 milioni di tonnellate di CO_2 all'anno entro il 2050.

SOLUZIONI ALTERNATIVE

Per fortuna, però, il problema è al centro dell'attenzione e nuove soluzioni sono allo studio. Resolute Marine Energy, una startup con sede a Boston, ha sviluppato un modo per trasformare l'acqua salata in acqua potabile sfruttando la potenza delle onde oceaniche. L'azienda ha sviluppato una tecnologia chiamata Wave2O che può alimentare completamente un impianto di desalinizzazione con un convertitore di energia delle onde collegato al fondo del mare. Il convertitore si muove avanti e indietro con le onde e genera energia sufficiente per inviare l'acqua marina a terra e alimentare un'unità di osmosi inversa. Il sistema attuale può fornire acqua a circa 40.000 persone al giorno. L'azienda prevede di portare la tecnologia a Capo Verde, l'arcipelago dell'Oceano Atlantico al largo della costa occidentale dell'Africa, che attualmente ottiene l'85% dell'acqua da sistemi di desalinizzazione alimentati a diesel.

L'Esercito degli Stati Uniti e i ricercatori dell'Università di Rochester hanno sviluppato un metodo semplice ed efficiente per desalinizzare l'acqua che dipende anche dall'energia solare. Utilizzando un trattamento laser, hanno creato un pannello di alluminio con una superficie nera scanalata che lo rende super-assorbente. Il materiale nero, riscaldato dal sole, fa evaporare l'acqua, un processo reso più efficiente dalla sua natura super-assorbente. L'acqua viene poi raccolta, lasciando i contaminanti sul pannello, che è facile da pulire. Il pannello può essere riconfigurato e anche angolato in modo da essere rivolto verso il sole, assorbendo la massima luce solare, e poiché è mobile, potrebbe essere facilmente utilizzato dalle truppe militari sul campo. Pannelli più grandi potrebbero potenzialmente consentire di scalare il processo.

A quanto pare, ad ogni problema, una soluzione intrigante. Ma ancora non sufficientemente diffusa.

CAP 4 – CENNI SU ALTRE TECNOLOGIE

Le parole chiave per descrivere il contributo apportato da altre tecnologie al problema siccità possono essere riassunte in "combattere lo spreco e conservazione dell'acqua".

Combattere lo spreco è un tema chiave, forse l'unico che può vedere direttamente coinvolti anche noi consumatori finali con buoni comportamenti quotidiani, ma la tecnologia qui opera ad un livello più alto.

SATELLITI

Partiamo per esempio dal caso California. I terreni agricoli della California consumano da tre a quattro volte più acqua dei suoi abitanti. Gran parte di quest'acqua proviene dalle falde acquifere e prima del 2014 gli agricoltori potevano prelevare tutta l'acqua che volevano da questi bacini sotterranei naturali. Con il tempo, questo approccio libero ha causato l'abbassamento della falda acquifera sotterranea e ha portato all'esaurimento delle falde stesse. Lo Stato ha imposto delle restrizioni, ma ha avuto difficoltà a farle rispettare.

Di recente, un gruppo di ricercatori della California Polytechnic University si è reso conto che le autorità di regolamentazione potevano utilizzare le immagini dei satelliti della NASA per stimare la quantità d'acqua utilizzata per le colture e utilizzare queste informazioni per capire se gli agricoltori stavano superando la quantità consentita. L'azienda di telerilevamento Land IQ, con sede a Sacramento, ha perfezionato la tecnica combinando le immagini satellitari con stazioni a terra per raccogliere dati e monitorare l'utilizzo.

IRRIGAZIONE A MICROGOCCIA

Non tutte le innovazioni importanti sono complesse: a volte la risposta a un problema è una soluzione splendidamente semplice. L'ex presidente dell'autorità idrica israeliana, Uri Shani, ha capito che un modo per alleviare la scarsità d'acqua è l'irrigazione a goccia. L'irrigazione a goccia, che fornisce acqua direttamente alle radici delle piante, è il sistema di irrigazione più efficiente per le colture. Il problema dell'irrigazione a goccia esistente, tuttavia, è il costo necessario per alimentare le pompe che spingono l'acqua attraverso centinaia di metri di tubi.

Shani ha trovato una soluzione che sfrutta la tecnologia di irrigazione a goccia esistente. Si è reso conto di poter aggiungere un nuovo tipo di gocciolatore che offre una minore resistenza alla pressione dell'acqua e di poter utilizzare la forza di gravità per alimentare l'acqua attraverso i tubi. Il suo sistema di microirrigazione a gravità N-Drip consente agli agricoltori di sfruttare l'efficienza e la conservazione dell'acqua fornite dall'irrigazione a microgoccia senza i costi delle pompe elettriche o diesel.

LA COLTIVAZIONE IDROPONICA

La coltivazione idroponica, in cui le radici delle piante si trovano in acqua e non nel terreno, riduce il consumo di acqua di circa l'80%. L'acqua viene ricircolata e non c'è deflusso o evaporazione, quindi è un'ottima opzione per un'agricoltura a basso consumo idrico.

Le fattorie idroponiche verticali portano il concetto di idroponia all'interno. Oltre ai vantaggi della conservazione dell'acqua, le colture verticali indoor consentono di risparmiare spazio e non richiedono quasi nessun prodotto chimico. Tuttavia, la maggior parte delle coltivazioni indoor è alimentata dalla luce artificiale, che consuma energia.

L'azienda britannica Shockingly Fresh ha risolto questo problema creando una fattoria idroponica verticale indoor che utilizza solo la luce naturale per crescere e riscaldare le colture. Il loro primo sito commerciale a Offenham, in Inghilterra, è in grado di produrre quattro volte la resa tipica di una fattoria tradizionale, consumando molta meno energia e acqua. È solo uno dei tanti esempi, ma il principio è encomiabile.

RICICLARE L'ACQUA

Circa la conservazione dell'acqua, possiamo dire semplicemente che anche questo aspetto non va sottovalutato. Perché i numeri sono importanti.

Il riciclo dei circa 50 milioni di tonnellate di acque reflue municipali che vengono scaricate ogni giorno negli Stati Uniti nell'oceano o in un estuario potrebbe fornire il 6% del consumo totale di acqua della nazione. L'acqua riciclata può essere utilizzata per l'irrigazione, per innaffiare prati, parchi e campi da golf, per uso industriale e per riempire le falde acquifere. La Camera dei Rappresentanti sta esaminando un disegno di legge che prevede che il Segretario degli Interni istituisca un programma per finanziare progetti di riciclaggio dell'acqua e costruire impianti di riciclaggio dell'acqua in 17 Stati occidentali da qui al 2027.

La tecnologia per riciclare l'acqua esiste da 50 anni. Gli impianti di trattamento delle acque reflue aggiungono microbi alle acque reflue per consumare la materia organica. Le membrane vengono poi utilizzate per filtrare batteri e virus e l'acqua filtrata viene trattata con luce ultravioletta per uccidere i microbi rimasti. L'acqua può essere utilizzata per l'agricoltura o l'industria, oppure può essere pompata in una falda acquifera per essere conservata. Quando è necessaria per l'acqua potabile, può essere pompata fuori e ripurificata e se è destinata al consumo umano, vengono persino aggiunti alcuni minerali per renderla più potabile.

ULTIMI SPUNTI

Infine, altri due spunti che arrivano dagli USA e che ci aiutano a riflettere. Ogni anno negli Stati Uniti si perdono circa 9 miliardi di tonnellate di acqua potabile a causa di rubinetti, tubi e condutture idriche che perdono e contatori difettosi. Il piano infrastrutturale del Presidente Biden, del valore di 1,2 miliardi di dollari, prevede somme consistenti per il miglioramento delle infrastrutture per l'acqua potabile e le acque reflue.

Sempre in America, ogni anno 42 miliardi di tonnellate di acqua piovana non trattata entrano nel sistema fognario, nei corsi d'acqua e infine nell'oceano. Ciò significa che l'acqua piovana che potrebbe assorbire il terreno per rifornire le falde acquifere va persa. Le infrastrutture verdi, come tetti verdi, giardini pluviali, alberi e barili per la pioggia, ridurrebbero parte di questo spreco d'acqua.

In conclusione, spero di avervi illustrato che una combinazione di scelte politiche, investimenti ed anche soluzioni tecnologiche possono aiutare a mitigare il problema. E allora non ci resta che andare a vedere il caso di una nazione che, tutte queste cose, è riuscita a metterle a terra. Perché a volte, pur con tutte le debite differenze, si potrebbe anche solo copiare qualcosa fatto altrove.

CAP 5 – L'ESEMPIO DI ISRAELE

Israele si trova in una delle regioni più aride del mondo e dispone di poche risorse idriche naturali; tuttavia, è considerato il Paese più avanzato al mondo per quanto riguarda l'efficienza idrica, secondo Global Water Intelligence, un editore internazionale del settore.

Ai bambini israeliani viene insegnata la conservazione dell'acqua fin dalla scuola materna e agli adulti viene ricordato di non sprecare l'acqua nelle pubblicità televisive. I soffioni e i rubinetti a basso flusso sono obbligatori e i bagni israeliani hanno di solito due diverse opzioni di scarico per l'urina ed i solidi.

Il Paese ha adottato l'irrigazione a goccia, che utilizza la metà dell'acqua rispetto all'irrigazione tradizionale, pur producendo una maggiore resa. Israele si occupa anche con determinazione delle piccole perdite nelle tubature prima che diventino grandi. Inoltre, il 75% delle acque reflue viene riciclato, più di qualsiasi altro Paese. Poiché gli israeliani pagano direttamente l'acqua, sono attenti a quanta ne usano e adottano prontamente la tecnologia per il risparmio idrico. Di conseguenza, si stima che l'israeliano medio consumi ogni giorno la metà dell'acqua dell'americano medio.

Inoltre, Israele ha iniziato la desalinizzazione negli anni Sessanta. Oggi ha cinque impianti di desalinizzazione e altri due sono in fase di realizzazione e presto otterrà il 90% dell'acqua grazie a questa tecnologia.

Se da un lato Israele ha investito molto denaro nella desalinizzazione, dall'altro ha fatto enormi investimenti nella sensibilizzazione e nell'efficienza idrica. Queste altre misure hanno permesso al Paese di ritardare la costruzione di impianti di dissalazione e di costruirli in modo più economico e più piccolo di quanto sarebbe stato necessario, perché i cittadini stavano già conservando bene l'acqua a disposizione.

Insomma, sono riusciti ad unire l'aspetto culturale – educativo con quello economico – tecnologico. Che è uno dei segreti per combattere la siccità in futuro.

CIBO STAMPATO IN 3D

CAP 1 - ALLE ORIGINI DELLA STAMPA 3D DI CIBO

La stampa 3D, come vi ho raccontato in diverse storie pubblicate su The Future Of, è una tecnologia emergente utile e dalle vaste applicazioni. I cinesi stanno costruendo una diga stampando i blocchi che la compongono, negli USA sono all'ordine del giorno esperimenti di stampa di intere abitazioni, migliaia di aziende ogni giorno realizzano componenti complessi che poi incorporano loro prodotti finiti, i medici stampano organi altamente personalizzati per i trapianti dei loro pazienti.

Il cibo non fa eccezione. Ed ha radici meno recenti di quanto possa sembrare. Il primo progetto nasce all'interno della Cornell University americana ed è stato condotto dagli studenti del dipartimento di Ingegneria meccanica e aerospaziale. La sua ragion d'essere replicava fedelmente quanto fatto già dalla stessa prestigiosa scuola nel 1975, quando venne realizzato l'Altair 8800, uno dei primi kit per home computer fai-da-te.

All'Altair 8800 si attribuisce il merito di aver dato il via alla rivoluzione dell'home computing e alla transizione dal mainframe industriale al desktop consumer, rendendo per la prima volta accessibile agli appassionati un computer a basso costo, aperto e "hackerabile". L'obiettivo del progetto Fab@Home, dedicato alla stampa di cibo, era di ottenere un effetto simile nel settore della stampa 3D. Il progetto è stato uno dei primi casi su larga scala di applicazione del modello di sviluppo open-source a dispositivi fisici, un processo che in seguito è diventato noto come Open Source Hardware.

Ed è ampiamente riuscito. Fino al 2005, tutte le stampanti 3D erano su scala industriale, costose e proprietarie. Il costo elevato e la natura chiusa dell'industria della stampa 3D all'epoca limitavano l'accessibilità della tecnologia alle masse, la gamma di materiali utilizzabili e il livello di esplorazione che gli utenti finali potevano compiere. Il modello di

136

stampante realizzato alla Cornell, ed evoluto da un modello 1 (lanciato nel 2006) ad un modello 3 ampiamente migliorato, ha fatto la storia di questo settore. Basato su un sistema di siringhe che consentivano di depositare strati di paste alimentari è il capostipite di tutto quanto arrivato successivamente. Tanto da guadagnarsi i premi Popular Mechanics Breakthrough e il premio Rapid Prototyping Journal come miglior articolo dell'anno. Mica noccioline.

Il progetto è stato chiuso nel 2012, quando è stato chiaro che l'obiettivo del progetto era stato raggiunto e la distribuzione di stampanti DIY (do-it-yourself) e consumer aveva superato per la prima volta le vendite di stampanti industriali. Tradotto, sono oltre 10 anni che si vendono più stampanti 3D ad uso alimentare a privati, ristoranti ed esercenti, che i loro equivalenti grandi e complessi per uso industriale su larga scala.

Tecnicamente parlando non è più un settore emergente, è già emerso. Ma certo, tra l'essere emerso ed essere diffuso alle masse, la strada è ancora da compiere.

CAP 2 – COME FUNZIONA LA STAMPA 3D ALIMENTARE

In generale, il cibo stampato in 3D è un pasto preparato attraverso un processo additivo automatizzato. Nella sua forma più semplice, il cibo stampato in 3D non è altro che un tipico ingrediente commestibile lavorato in modo tale da poter essere estruso attraverso un ugello su una superficie. Forse la differenza principale rispetto ai pasti convenzionali è la presentazione finale: questa tecnologia consente di creare forme e geometrie complesse e intricate che sono impossibili da riprodurre manualmente o che richiederebbero una quantità straordinaria di tempo.

Sebbene esistano diversi approcci alla stampa per estrusione, questi seguono tutti le stesse procedure di base. La piattaforma su cui vengono stampati gli alimenti è costituita da uno stadio a 3 assi con una testa di estrusione controllata da un computer. Questa testa di estrusione spinge i materiali alimentari attraverso un ugello, in genere mediante aria compressa o spremitura. Gli ugelli possono variare in base al tipo di alimento da estrudere o alla velocità di stampa desiderata. In genere, più piccolo è l'ugello, più lenta sarà la stampa. Mentre l'alimento viene stampato, la testa di estrusione si muove lungo lo stadio a 3 assi stampando nella forma desiderata. Se pensate alla stampa classica di inchiostro che avviene sulla carta, in due dimensioni, qui è la stessa cosa, ma le dimensioni sono 3. Ecco perché si parla di 3D.

E cosa possiamo stampare? La risposta breve è che tutto ciò che si trova in uno stato pastoso o semi-liquido, o che può essere trasformato in quel tipo di consistenza, può essere stampato in 3D. E questo include un'ampia varietà di alimenti salati, come purè di verdure, pastelle, impasti, formaggi ma anche dolci come gelatine, glasse, decorazioni di zucchero, cioccolato e purea di frutta. Magari non vi sembra molto, ma la combinazione di tutte queste cose consente comunque di liberare la fantasia e la voglia di esplorare.

La maggior parte delle stampanti orientate al cibo sono dotate di capsule in acciaio inossidabile che consentono all'utente di riempirle con qualsiasi cosa desideri, fornendo al contempo linee guida generali sulla consistenza degli alimenti da utilizzare. Altre stampanti possono offrire anche confezioni di capsule già pronte, ottimizzate per la stampabilità. La maggior parte delle aziende produttrici di alimenti stampati in 3D dispone di archivi di ricette in cui i progetti verificati possono essere facilmente scaricati e riprodotti. Ad esempio, il repository di byFlow contiene diversi modelli artistici di fantasia e Mycusini ha una propria piattaforma che consente di creare piatti personalizzati o di sfogliare la libreria di modelli.

Se non fosse chiaro, oggi le stampanti 3D per alimenti sono adatte soprattutto per creare forme e disegni intricati, non per cucinare gli ingredienti. Di solito, gli alimenti sono già pronti per il consumo o saranno cotti successivamente in un forno esterno o in una griglia, una volta terminato il processo di stampa 3D.

E quali sono i pro e i contro di questa cucina?

Il consumo di alimenti stampati in 3D è assolutamente sicuro, a patto che siano stati preparati in una macchina appropriata e in un ambiente pulito, ma questo in generale dovrebbe valere per qualsiasi tipo di cucina. Oltre a creare piatti dall'aspetto sorprendente, la stampa 3D degli alimenti presenta anche altri vantaggi.

La personalizzazione dei pasti: in termini di controllo della diversità e della quantità di nutrienti, vitamine e calorie per ogni pasto, la stampa 3D degli alimenti consente una maggiore precisione. Questo potrebbe essere estremamente importante negli ospedali, dove le diete dedicate e con limitazioni sono più comuni, e offre il potenziale per una facile personalizzazione paziente per paziente.

Consumo di cibo non convenzionale: elaborando piante nutrienti e farine di insetti ricche di proteine in uno stato semi-liquido, questi alimenti potrebbero essere presentati in modo più attraente e quindi incentivarne il consumo.

Facile riproducibilità: Condividere le ricette potrebbe essere semplice come trasferire un file digitale su Internet. Sarebbero sufficienti le stesse materie prime, le stesse impostazioni di stampa e le stesse apparecchiature di stampa compatibili.

Con tutti questi interessanti vantaggi che la stampa 3D di alimenti comporta, non potrei però non menzionare che presenta anche alcuni svantaggi. Sebbene i tempi possano variare in base alla stampante e all'alimento, la stampa 3D di alimenti richiede comunque molto tempo. Un progetto molto semplice a sei strati può richiedere 7 minuti di stampa, mentre modelli 3D più dettagliati richiedono più di 45 minuti ciascuno. All'inizio potrebbe sembrare poco, ma a queste velocità l'intera attività manca di scalabilità.

Anche il costo delle attrezzature e dei materiali di consumo rappresenta un ostacolo, per non parlare del tempo dedicato alla formazione. Inoltre, i prodotti alimentari utilizzati in queste macchine richiedono una precottura o una prelavorazione per ottenere la consistenza necessaria all'estrusione. Pertanto, la riproducibilità e l'affidabilità previste per queste macchine dipendono fortemente dalla corretta preparazione di questi materiali.

CAP 3 – APPLICAZIONI: DALLO SPAZIO ALLE CUCINE GOURMET

Oggi le stampanti 3D per alimenti sono utilizzate soprattutto per la cucina gourmet, sia nelle cucine molecolari che nelle pasticcerie di lusso, specialmente perché il cioccolato è uno degli alimenti che meglio si presta ad essere stampato. Anche se tecnologia non è ancora scalabile, poiché richiede ancora tempo e sviluppo per maturare, comunque questo non impedisce a pionieri e innovatori di utilizzarla.

Il ristorante FoodInk ha sperimentato a Londra un intero menù di cibo stampato in 3D già nel 2016. E, per coerenza, anche tutto il resto del ristorante, dai mobili ai coltelli e le forchette era stampato in 3D! Gli chef del ristorante stellato Michelin, Cocina Hermanos Torres di Barcellona, hanno sperimentato la stampa nel 2020. A Tokyo un ristorante dal nome emblematico "Sushi Singularity" continua a servire in sushi della tradizione culinaria nipponica, ma stampandolo in 3D. E gli esempi ovviamente rappresenterebbero una lista ormai lunghissima.

Ma è possibile trovare una quantità lentamente crescente di cibo stampato in 3D anche al di fuori della ristorazione di alto livello. I panettieri hanno fatto notizia per la stampa di decorazioni commestibili per le torte nuziali e, per tutti gli amanti della pizza, le pizze stampate in 3D sono in cantiere da tempo e sicuramente diventeranno realtà prima o poi. Più recentemente, la carne a base vegetale è stata stampata in 3D per imitare la consistenza di quella vera.

E se non foste ancora convinti, per capire meglio le potenzialità della tecnologia dobbiamo fare ancora due escursioni in mondi incredibili. Il primo è un "teletrasporto", il secondo è un viaggio nello spazio.

Nel progetto di "teletrasporto del sushi" è stata utilizzata una stampante alimentare 3D specializzata, sviluppata in collaborazione con l'Università di Yamagata. La stampante è dotata di un serbatoio d'acqua e di cartucce che possono essere riempite con materiali per creare sapori, colori e sostanze nutritive, e utilizza un materiale simile al gel per creare varie consistenze. I piatti vengono creati costruendo una serie di piccoli cubi stampati nelle forme appropriate. L'idea del suo autore, tale Sakaki, è stata ispirata dal modo in cui le stampanti a getto d'inchiostro possono stampare tutti i tipi di poster, foto e documenti utilizzando solo quattro colori di inchiostro: ciano, magenta, giallo e nero. Ha cercato di applicare questo approccio alla creazione del cibo.

Sakaki ha scelto il dolce, l'aspro, il salato e l'amaro come i quattro gusti di base e ha testato come l'approccio della stampa a colori potesse essere applicato alla creazione di alimenti. Ha inserito condimenti come la soia e l'aceto in cartucce d'inchiostro e ha provato a "stampare" il cibo su carta commestibile fatta di mais. La prova ha dimostrato che il gusto cambiava al variare del rapporto tra i condimenti. L'autore ha pensato che una banca dati su come i vari rapporti tra i sapori di base creano sapori specifici avrebbe permesso di riprodurre a distanza il cibo con una stampante. Ecco perché a suo modo è "teletrasporto".

Ma, se alzate lo sguardo al cielo, in una galassia lontana lontana, c'è qualcuno che stampa cibo in 3D anche nello spazio.

I cosmonauti russi sulla Stazione Spaziale Internazionale hanno stampato carne nello spazio nel 2019. La startup israeliana di tecnologia alimentare Aleph Farms ha portato a bordo fiale di cellule bovine, contenute in un "brodo" di sostanze nutritive che simulava l'ambiente all'interno del corpo della mucca.

Quando le cellule sono arrivate sulla stazione spaziale, i cosmonauti le hanno inserite in una stampante 3D che ha prodotto bistecche sottili. Chi ha assaggiato il prodotto dice che lascia un po' a desiderare, ma è destinato a imitare la consistenza e il sapore della carne bovina tradizionale.

È stato indubbiamente un cambio di paradigma, che non è nato per motivi strettamente culinari, ma per risolvere alcuni problemi concreti. Mentre i primi astronauti nello spazio spremevano i loro pasti da tubetti simili a dentifricio, gli astronauti di oggi si nutrono di gelato e frutta fresca e condiscono i loro pasti con sale e pepe liquidi.

Ma ci sono ancora dei limiti ai tipi di cibo che possono resistere alla microgravità. Tutto ciò che può produrre briciole, ad esempio, è considerato pericoloso, poiché le particelle di cibo possono intasare i sistemi elettrici o i filtri dell'aria di una navicella spaziale. Inoltre, il cibo deve durare per un lungo periodo di tempo, nel caso in cui le missioni di rifornimento vadano male. Per questo le aziende tecnologiche stanno sperimentando modi per coltivare il cibo a bordo di una navicella spaziale.

CAP 4 – MENU' DI CIBI STAMPATI E USER EXPERIENCE

Se dovessimo immaginare un processo di stampa alimenti 3D ad uso domestico in futuro, suonerebbe più o meno così.

Primo. Scegliere un progetto di cibo stampato in 3D. Per prima cosa, è necessario selezionare il design del cibo che si desidera stampare. Questo potrebbe essere fatto attraverso un'interfaccia digitale sul computer o sullo smartphone, dove è possibile sfogliare una libreria di progetti di alimenti stampabili in 3D o addirittura creare il proprio.

Secondo. Caricare gli ingredienti. Dopo aver selezionato il progetto, è necessario caricare gli ingredienti necessari nella stampante 3D. Potrebbe trattarsi di cartucce preconfezionate contenenti diversi tipi di materiali alimentari come proteine, carboidrati, grassi e vitamine.

Terzo. Avviare il processo di stampa. Una volta caricati gli ingredienti, è possibile avviare il processo di stampa. La stampante 3D stratificherà i materiali alimentari in un modello preciso secondo il disegno selezionato.

Quarto. Monitorare i progressi. Mentre il cibo viene stampato, è necessario monitorare i progressi per assicurarsi che tutto proceda senza intoppi. A tal fine, è necessario controllare la temperatura, l'umidità e altre variabili per assicurarsi che l'alimento venga stampato correttamente. Quasi sicuramente, se ne occuperanno i sensori della stampante.

Quinto. Rimuovere il prodotto finito. Una volta completato il processo di stampa, è possibile rimuovere il prodotto finito dalla stampante 3D. Può trattarsi di un piatto completo o di singoli componenti di un pasto più esteso.

Sesto. Preparare e servire. Infine, è possibile preparare il cibo stampato in 3D secondo le proprie preferenze, aggiungere eventuali ingredienti o spezie e servirlo per il pasto.

E cosa prepareremo? È difficile dirlo oggi, ma intanto vi posso raccontare alcuni esperimenti di successo condotti in questi anni. Preparate le papille gustative, perché alcune ricette sono davvero intriganti.

Partiamo da crostini e zuppa di cipolle. Utilizzando una polvere di cipolla aromatica, la stampante crea un crostino fresco. Uno dei piatti che utilizza la stampa 3D è il "Corallo di mare". La stampante Foodini utilizza una purea di frutti di mare per scolpire un disegno simile a un fiore per il centrotavola. Una volta completato questo complesso corallo, lo chef lo abbellisce con un assortimento di frutti di mare come ricci di mare e caviale. Il design sarebbe molto difficile da realizzare a mano, quindi la stampante 3D è la soluzione naturale.

Sono state realizzate crocchette di funghi arrostiti a forma di stella, cosparse di semi di sesamo; grissini a forma di cucchiaio, conditi con una deliziosa tapenade di olive nere, noci, scorza d'arancia e prezzemolo; quiche al forno a forma di farfalla, con purea di barbabietola; ma anche purea di patate modellata in ciotole di servizio esagonali, fritta e mescolata a piselli e pesce.

E se volete andare su piatti leggermente più tradizionali, sono stati stampati spaghetti con pasta fresca fatta semplicemente con farina, acqua, olio d'oliva, origano e sale, ma anche piccoli gnocchi preparati con patate e farina di zucca e olive nere oppure ravioli di farina integrale, ripieni di zucca e funghi. Degli hamburger vegetali o meno, stampati strati di carne sovrapposti uno all'altro, non ve ne parlo nemmeno perché è la soluzione di stampa più semplice ed ovvia che possiate immaginare. Altrettanto ovvi e vasti gli esperimenti col cioccolato, realizzato in cubetti di varie dimensioni e consistenze e impiattati con ogni possibile salsa di accompagnamento.

Ma la domanda è: veramente avremo stampanti 3D in casa per preparare questo tipo di cose? A mio modo di vedere, il comportamento di acquisto e la user experience non aiutano granché, almeno a livello consumer. Se voglio un hamburger non mi conviene semplicemente comprarlo al supermercato o in macelleria e cucinarlo? Perché dovrei spendere qualche centinaio o migliaia di euro per acquistare una stampante e le relative cartucce di cibo? Senza contare che, se stampare una fetta di carne richiede mezz'ora, mentre cucinarla in pentola al massimo 10 minuti, oppure ordinarla su Glovo anche meno... perché dovrei stamparla?

Non sottovaluterei neanche l'aspetto psicologico di acquistare del cibo in cartucce, siringhe o supporti simili per le stampanti. Onestamente non mi dispiace vedere gli ingredienti che uso sul tavolo, al naturale, prima di iniziare le mie preparazioni. Ma, se è per questo, fino a poco tempo fa ci faceva piacere anche il chicco di caffè da macinare o la polvere da mettere nella moka... mentre oggi spesso lo consumiamo in capsule di alluminio che non ci lasciano percepire colore, consistenza e profumo del loro contenuto. Come diceva Bob Dylan, the times, they are a changin'.

E infine una riflessione sulla creatività. Se avremo ricette da scaricare e siringhe di materiale preconfezionato da caricare nella stampante, quale spazio resterà alla creatività? Tutto sommato la cucina è sperimentazione, sbagliare, aggiungere ingredienti a sorpresa, mescolare gusti diversi, cuocere in maniera differente. Ho la sensazione che i nostri "gradi di libertà" rischiano di diminuire con la stampa 3D di alimenti oppure limitarsi alla successiva guarnizione del piatto una volta preparato.

CAP 5 – IL CIBO IN 3D ALLA PROVA DEI MEGATREND

La user experience ovviamente non è in grado, da sola, di dirci molto sulla futura diffusione di questa tecnologia. Servirebbero un sondaggio o delle interviste. Quello su cui che invece possiamo ragionare insieme, è quanto la stampa 3D di alimenti sia in linea (o meno) con i principali megatrend globali. E qui possiamo diventare più possibilisti circa la sua diffusione, ma senza fare inutili voli pindarici.

Se partiamo, infatti, dai megatrend circa il cambiamento di paradigma nell'alimentazione in corso, solitamente parliamo di argomenti come la crescita dell'obesità, la decrescita della malnutrizione, l'aumento dell'uso di terra per coltivare o allevare bestiame, della sostenibilità dell'alimentazione, piuttosto che dell'editing di cibo. La stampa 3D, specialmente se associata agli ingredienti a base vegetale o artificiali in sostituzione della carne animale, sembra perfettamente adatta. Meno terra e meno animali significa più sostenibile, ma da questo punto di vista il merito non sarebbe tanto della stampa 3D in sé, quanto della diffusione di sostituti della carne animale, sviluppati grazie ad altre tecnologie. Certo è, che, se fosse possibile stamparli in casa invece che acquistarli già pronti al supermercato o in un ristorante, la diffusione potrebbe essere ancora maggiore.

La personalizzazione delle proprietà nutritive per ciascun individuo potrebbe aggiungere al cibo 3D anche delle valenze mediche o salutistiche. Ognuno si potrebbe stampare non solo quello che aggrada al suo palato, ma quello che fa bene alla sua salute, al suo microbioma intestinale e persino all'ambiente. Ma, oggettivamente, questo presupporrebbe che le cartucce o le siringhe per stampare gli alimenti in 3D vengano riempite in anticipo di paste o polveri alimentari personalizzate, un concetto che ancora oggi non esiste.

È vero che sono presenti una miriade di business basati sulla personalizzazione individuale dei prodotti, dalle magliette agli shampoo, ma la customizzazione così spinta su prodotti alimentari è ancora ben lontana dal divenire realtà. Se l'esempio più clamoroso che ci viene in mente è Coca Cola che stampava sulla lattina i nomi delle persone perché comprassero una sorta di lattina personalizzata, esempio poi replicato da Nutella, francamente capite quanto siamo lontani dalla sua realizzazione. Se la customizzazione è un po' più facile nei servizi, a livello prodotti fisici di massa come il cibo, non mi viene in mente nessun esempio notabile.

Anche dal punto di vista energetico ed ambientale la stampa 3D potrebbe generare delle esternalità positive. Una cucina di precisione eviterebbe infatti gli sprechi di ingredienti e la preparazione avverrebbe esattamente per il tempo pianificato e nulla di più. Un po' come nelle capsule del caffè, quella è la quantità da usare e non ne serve né di più né di meno.

Gli stessi ingredienti, specialmente se provenienti da fabbriche prossime ai luoghi di consumo, potrebbero ridurre i costi di trasporto generali. Ed anche lo smaltimento sarebbe più controllato. Se è vero che la maggior parte della popolazione si concentrerà sempre di più in ambienti urbani, questi non sono vantaggi trascurabili. Ma sono veramente significativi? Diciamo che alla plastica che contiene una confezione di pasta imbottita, si sostituirà una capsula riciclabile e di lunga durata di farina per stampare un raviolo o un tortellino. Nel qual caso non cambierebbe molto.

Persino il mondo del lavoro e lo spazio potrebbero essere impattati dalla tecnologia. Se dello spazio abbiamo già parlato, l'impatto sul mondo del lavoro potrebbe esserci, in termini di aumento del volume di cibo realizzabile all'interno di mense, ospedali, fiere e luoghi dove la presenza di masse numerose si concentra e va servita. Non è un caso che la tecnologia, tra l'altro, sia apprezzata anche in ambito militare per la sua portabilità al seguito di truppe e personale di assistenza. Si tratterebbe di un cibo sicuro, non alterabile e tracciabile anche se diciamo che l'avvelenamento non sembra più rappresentare la principale strategia per eliminare i nemici. Salvo qualche sgradevole episodio recente durante il conflitto russo – ucraino.

Ma anche qui, ovviamente servirebbero degli avanzamenti tecnologici tali da far stampare le stampanti attuali molto più velocemente. Se per realizzare un hamburger di carne o un cubetto di cioccolato serve mezz'ora, la lentezza sarà difficilmente compatibile con lo sfamare le masse, e la tecnologia resterà confinata ai ristoranti di lusso.

Per quanto riguarda i megatrend tecnologici, dove digitalizzazione, robot, AI ed automazione la fanno da padrona, una stampante 3D alimentare rappresenta molto bene tutte queste tendenze concentrate in un singolo device. Che sarà capace di fare sempre più da solo, una volta scelta la ricetta target. Fatto salvo che sarete comunque ancora liberi di sbagliare completamente la temperatura ed i tempi di cottura. Salvo che la vostra stampante 3D non dialoghi direttamente con il forno o la padella, ma questa è tutta un'altra storia.

In conclusione, non possiamo affermare che la stampa 3D sia particolarmente in linea con i principali megatrend di riferimento. Anche se strizza l'occhio alla personalizzazione, all'ambiente ed al costo energetico, e sembra rappresentare perfettamente la summa di innovazioni tecnologiche in corso, le posizioni sono tutte abbastanza deboli per pensare ad una sua rapida esplosione in ambito consumer. Fatto, tra l'altro confermato dai prezzi dei dispositivi, che oggi oscillano tranquillamente fra i 1.000 ed i 5.000 dollari a stampante, oltre che dall'assenza di un vero big di settore (manufacturing o retail) che spinga la tecnologia preparando il terreno alla sua esplosione. Insomma, ben diverso sarebbe se domattina McDonald's, per esempio, decidesse di stampare in 3D tutti i suoi hamburger o le patatine. Opzioni che, per ora, non sembrano nemmeno all'orizzonte.

BRAIN COMPUTER INTERFACES

CAP 1 – IL RITORNO DI JOHN CLEVER

John Clever si svegliò presto in una mattina di sole e non vedeva l'ora di provare la sua nuova futuristica interfaccia cervello-computer. Erano settimane che aspettava l'arrivo di questo dispositivo, e ora luccicava di argenteo metallo davanti ai suoi occhi. Il dispositivo era stato progettato per leggere e migliorare i suoi pensieri, fornendogli un mondo virtuale con cui poteva interagire in tempo reale.

Non appena lo indossò, John provò un'ondata di eccitazione. Chiuse gli occhi e improvvisamente fu trasportato in un nuovo mondo. Stava camminando in un bellissimo parco, circondato da alberi rigogliosi e da un cielo azzurro. Sentiva la brezza fresca sul viso e sorrideva, sentendosi in pace.

Ma all'improvviso il suo stato d'animo cambiò e si ritrovò in un vicolo buio, arrabbiato e spaventato. Sentiva il cuore accelerare e i palmi delle mani sudare. Cercò di scrollarsi di dosso la sensazione, ma senza riuscirci. Poi, altrettanto improvvisamente, si ritrovò di nuovo nel parco, con una sensazione di calma e relax.

John trascorse la mattinata sperimentando emozioni e ambienti diversi. Ha visitato città sconosciute, dove si è sentito energico e motivato, e poi una spiaggia serena, dove si è sentito soddisfatto e a suo agio. Ha anche provato le montagne russe virtuali, provando il brivido della corsa mentre sfrecciava tra curve e tornanti.

Con il passare della giornata, John ha iniziato a notare che la sua personalità stava cambiando insieme agli ambienti virtuali che stava sperimentando. Si sentiva più sicuro di sé in città, più creativo in uno studio d'arte virtuale e più avventuroso sulle montagne russe. Era come se il dispositivo facesse emergere aspetti diversi del suo io che non aveva mai sperimentato prima.

Ma con il passare della giornata, John cominciò a sentirsi sopraffatto. Aveva cambiato personalità così frequentemente da non sapere più chi fosse. Cominciò a sentirsi scollegato dalla realtà e si chiese se il dispositivo avesse in qualche modo alterato il suo cervello in modo permanente.

Quando il sole cominciò a tramontare, John rimosse a malincuore l'interfaccia cervello-computer, sentendosi sollevato di essere tornato nel mondo reale. Andò a fare una passeggiata nel parco, in uno vero, cercando di schiarirsi le idee e di capire cosa avesse imparato da quell'esperienza.

Mentre camminava, si rese conto che l'interfaccia cervello-computer gli aveva permesso di esplorare diverse parti di sé di cui non conosceva l'esistenza a fondo. Ma sapeva anche di dover stare attento a non diventare troppo dipendente dal dispositivo, perché avrebbe potuto facilmente consumare la sua intera identità.

John decise di usare il dispositivo con moderazione, solo quando sentiva il bisogno di esplorare una nuova emozione o esperienza. Provava un senso di eccitazione sapendo che il dispositivo aveva il potenziale per sbloccare nuove parti di sé che non aveva ancora scoperto.

Mentre tornava a casa, provò un rinnovato senso di scopo e di chiarezza. Sapeva che l'interfaccia cervello-computer era uno strumento potente, ma che spettava a lui controllarlo, piuttosto che il contrario. Sorrise, sentendosi fiducioso e desideroso di vedere cosa gli riservava il futuro, sia dentro che fuori dal mondo virtuale.

CAP 2 – UNA TECNOLOGIA NELLA SUA INFANZIA MA CON UNA LUNGA STORIA

L'interfaccia cervello-computer (spesso abbreviata con l'acronimo BCI) è una tecnologia che consente la comunicazione diretta tra il cervello e un dispositivo esterno come un computer, una protesi o persino un robot.

L'interfaccia funziona rilevando e interpretando i segnali elettrici prodotti dal cervello e traducendoli poi in comandi comprensibili dal dispositivo esterno. Ciò può essere fatto utilizzando varie tecniche, come elettrodi posizionati sul cuoio capelluto o impiantati direttamente nel tessuto cerebrale.

Le BCI hanno una serie di potenziali applicazioni, tra cui l'assistenza a persone con disabilità per il controllo di dispositivi protesici, l'aiuto a pazienti che si riprendono da ictus o altri disturbi neurologici e la possibilità di interagire con computer o altri dispositivi senza la necessità di dispositivi di input fisici come tastiere o mouse. In prospettiva, ne parleremo fra poco, potranno svolgere molte altre funzioni aprendo sia nuove possibilità, che nuove domande, temi ed anche problemi.

Nonostante sia considerata una tecnologia nella sua infanzia, in realtà affonda le sue radici in tempi ben più lontani. Il fisico inglese Richard Caton registrò (per primo in assoluto) i segnali elettrici provenienti dai cervelli degli animali e pubblicò i suoi risultati sul prestigioso British Medical Journal nel lontano 1875. Nel 1924 fu Hans Berger a registrare per la prima volta, con un prototipo di elettroencefalogramma, le onde beta ed alfa che caratterizzano il cervello. È proprio questa tecnologia, per noi oggi così ovvia, che fa da preludio alle BCI, come le conosciamo oggi.

La ricerca vera e propria sulle BCI è iniziata infatti negli anni '70 in California (alla UCLA) con esperimenti condotti su animali per sviluppare una nuova via di comunicazione diretta tra ambienti esterni (o dispositivi) e il cervello. Nel 1973 Jacques Vidal pubblicò un articolo intitolato: "Toward Direct Brain-Computer Communications", che è un po' come la prima pietra posata nella costruzione di una nuova cattedrale.

I primissimi test di sviluppo della BCI sono stati effettuati sulle scimmie nel 1969 e nel 1970, mentre i primi tentativi con gli esseri umani sono stati effettuati nei più tardi anni '90. Nel 1998 Philip Kennedy ha impiantato la prima BCI invasiva in un essere umano, nel 2003 è stata presentata la prima applicazione chiamata "BrainGate" e nel 2004 Matt

Nagle è stato il primo paziente a cui è stato impiantato un sistema BCI invasivo. Matt era un paziente affetto da tetraplegia in seguito a una pugnalata alla colonna vertebrale.

Gli scienziati hanno posizionato una matrice a 96 elettrodi sulla superficie del cervello di Matt, proprio sopra la regione della corteccia motoria che controlla la mano e il braccio sinistro dominanti. Un collegamento portava i segnali all'esterno del cranio verso un computer. Il computer era stato addestrato a riconoscere i modelli di pensiero di Matt e ad associarli ai movimenti che stava cercando di realizzare.

Mentre era "impiantato", Matt poteva controllare il cursore di un "mouse" di un computer, usandolo poi per premere pulsanti che gli consentivano di usare la TV, la posta elettronica e fare praticamente tutto ciò che può essere fatto premendo dei pulsanti. Compreso giocare a Pong. Poteva anche disegnare sullo schermo ed inviare comandi a una mano protesica esterna, che si poteva chiudere ed aprire.

La famosa MIT Technology Review se ne uscì con un leggendario articolo intitolato "Implanting Hope" nel quale gli scienziati paragonarono il primo rudimentale impianto ad una novella stele di Rosetta. Come forse saprete, la stele di Rosetta è una pietra che riporta un editto del faraone Tolomeo V scritto in tre grafie: geroglifici, demotico e greco antico. È stata cruciale, perché fu proprio il parallelismo tra greco antico (conosciuto) e geroglifici (all'epoca ancora ignoti), a consentire la decifrazione di questi ultimi. La BCI era l'equivalente per tradurre il funzionamento elettrico del cervello e trasformare l'azione di milioni di neuroni ed i miliardi di interazioni fra loro, in comandi eseguibili da una macchina. Era ufficialmente nata l'era delle Brain Computer Interfaces.

CAP 3 – BCI, COME FUNZIONANO ED A COSA SERVONO

Le interfacce cervello-computer funzionano rilevando e interpretando i segnali elettrici prodotti dal cervello e traducendoli poi in comandi comprensibili da un dispositivo esterno come un computer, un arto protesico o una sedia a rotelle.

Le fasi fondamentali del funzionamento di una BCI sono cinque:

Uno. Acquisizione del segnale. Il primo passo di una BCI è l'acquisizione dei segnali dal cervello. Ciò può essere fatto utilizzando tecniche non invasive come l'elettroencefalografia (EEG), che prevede il posizionamento di elettrodi sul cuoio capelluto per rilevare l'attività elettrica del cervello, o utilizzando tecniche invasive come l'impianto di elettrodi direttamente nel tessuto cerebrale.

Due. Elaborazione del segnale. I segnali cerebrali acquisiti vengono poi elaborati per estrarre informazioni significative. Ciò comporta il filtraggio dei rumori e degli artefatti indesiderati e l'amplificazione dei segnali per renderli più facili da analizzare.

Tre. Estrazione delle caratteristiche. I segnali elaborati vengono analizzati per estrarre caratteristiche specifiche che possono essere utilizzate per identificare modelli nell'attività cerebrale. Ad esempio, caratteristiche come la frequenza, l'ampiezza e la fase delle onde cerebrali possono essere utilizzate per identificare stati mentali o comandi specifici.

Quattro. Classificazione. Le caratteristiche estratte vengono poi utilizzate per classificare lo stato mentale o il comando che l'utente vuole comunicare. A tale scopo si utilizzano algoritmi di apprendimento automatico come le macchine vettoriali di supporto, le reti neurali artificiali o gli alberi decisionali.

Cinque. Generazione dell'output. Infine, le informazioni classificate vengono utilizzate per generare un output che può essere utilizzato per controllare un dispositivo esterno. Ad esempio, l'output può essere utilizzato per muovere un cursore sullo schermo di un computer, controllare un braccio robotico o muovere un arto protesico.

In generale, come è facile capire, il successo di una BCI dipende dall'accuratezza e dall'affidabilità delle tecniche di acquisizione, elaborazione, estrazione delle caratteristiche e classificazione del segnale. Ogni momento è chiave e il mancato perfezionamento di una sola di esse può vanificare l'intero processo.

E ora che sappiamo come funzionano, cosa ci possiamo fare? Eccovi allora alcuni esempi di applicazioni già realizzate delle interfacce cervello-computer (BCI).

Controllo delle protesi. Le BCI sono state utilizzate per controllare arti protesici per persone con amputazioni o lesioni del midollo spinale. Utilizzando elettrodi impiantati nel cervello o posizionati sul cuoio capelluto, gli utenti possono controllare il movimento dell'arto protesico con il pensiero.

Ausili per la comunicazione. Le BCI sono state utilizzate per creare ausili alla comunicazione per persone con disabilità come la SLA o la sindrome locked-in. Gli utenti possono selezionare lettere o parole su uno schermo utilizzando il loro pensiero, consentendo loro di comunicare più facilmente.

Giochi. Le BCI sono state utilizzate in applicazioni come, ad esempio, giochi che possono essere giocati utilizzando solo la forza del pensiero dell'utente. Questi giochi possono aiutare l'addestramento cognitivo e possono essere utilizzati per trattare il disturbo da deficit di attenzione e iperattività.

Riabilitazione dell'ictus. Le BCI sono state utili anche nella riabilitazione dell'ictus per aiutare i pazienti a recuperare le funzioni motorie perse. Addestrando il cervello ad attivare specifiche vie neurali con una BCI, i pazienti possono migliorare la loro funzione motoria nel tempo.

Realtà virtuale. Anche la realtà virtuale ha beneficiato delle BCI per creare esperienze più coinvolgenti. Ad esempio, gli utenti possono controllare il movimento del loro avatar in un ambiente VR usando i loro pensieri, rendendo l'esperienza più realistica.

Droni controllati dalla mente. Incredibile, ma vero, le BCI sono state utilizzate per controllare droni con il potere della mente. Indossando una cuffia che rileva l'attività cerebrale, gli utenti possono pilotare il drone usando i loro pensieri.

Non voglio tediarvi oltre, ma direi che per essere una tecnologia nella sua infanzia, di cose utili ed in molti casi anche nobili ne ha fatte già parecchie.

CAP 4 – IL PERCORSO CONTRARIO: DALLA MACCHINA AL CERVELLO

Ora, abbiamo capito che interpretando il cervello possiamo muovere una macchina, che sia un computer, una protesi o persino un drone! Ma è vero anche il contrario? Può una macchina posizionare un pensiero, un'azione, un'immagine nel nostro cervello? Del resto, quando applichiamo un elettrodo alla testa o indossiamo un casco sulla testa, apriamo un canale di comunicazione che teoricamente potrebbe essere sfruttato anche in direzione contraria.

La risposta è sì, è possibile alterare le funzioni cerebrali attraverso segnali elettrici esterni, una tecnica chiamata stimolazione elettrica transcranica o TES. La TES consiste nell'applicare una corrente elettrica di basso livello al cuoio capelluto, che può modulare l'attività del tessuto cerebrale sottostante.

Esistono due tipi principali di TES.

Uno. Stimolazione transcranica a corrente diretta, cioè una tecnica che prevede l'applicazione di una debole corrente diretta al cuoio capelluto. Si ritiene che essa alteri l'eccitabilità dei neuroni nel cervello e in alcuni studi ha dimostrato di migliorare le funzioni cognitive, l'apprendimento e la memoria.

Due. Stimolazione transcranica a corrente alternata. Questa tecnica prevede l'applicazione di una corrente alternata al cuoio capelluto che oscilla a una frequenza specifica. Questa è in grado di trascinare l'attività oscillatoria del cervello, modulando l'attività neurale in bande di frequenza specifiche.

La TES è una tecnica non invasiva che può essere utilizzata per modulare le funzioni cerebrali in modo sicuro e reversibile. Cioè, funziona fino a quando viene applicata, poi cessa di erogare alcuna influenza. Tuttavia, gli effetti della TES sono relativamente modesti e possono variare a seconda dell'individuo e dei parametri specifici della stimolazione. Inoltre, la TES deve essere utilizzata solo sotto la guida di un medico qualificato.

Non esiste in buona sostanza una versione della TES ad uso commerciale consumer che ci consenta di alterare le nostre percezioni. Ma la possibilità che i progressi tecnologici portino a tutto questo, apre ad infinite possibilità e dibattiti (dei quali parleremo nel prossimo capitolo).

Provate a pensare ad una giornata storta dove vedete tutto nero. Una piccola corrente elettrica e potrebbe tornarvi il buon umore. Oppure l'esame di domani per il quale non avete studiato ancora abbastanza. Una impercettibile corrente vi consentirebbe di concentrarvi per ore e recuperare il tempo perduto. E se vi scordate il PIN del cellulare o della carta di credito? Basta un attimo per ripescare il dato dalla vostra memoria in un momento di stanchezza.

Senza considerare l'idea che ci si possa spingere oltre. Alterare i ricordi, aggiungendo esperienze che non avete mai vissuto o cancellando (anche se temporaneamente) quelle che volete rimuovere. Indurre nel vostro cervello un bel sogno. Aiutarvi a prendere decisioni migliori. Decidere se utilizzare un approccio più conciliante o aggressivo durante una discussione o una negoziazione di lavoro, forzando tale comportamento per il tempo che serve e poi tornare "al naturale". Recitare meglio, calandosi nella parte di un personaggio, provando le sue stesse emozioni e stati d'animo. L'immaginazione qui non ha limiti e stiamo parlando di scopi tutti perfettamente legittimi e giustificati dalla necessità del momento.

Ma tutto questo potrebbe avere un "prezzo" che sarebbe utile approfondire e meditare, prima che diventi realtà. Perché la tecnologia corre ad una tale velocità che potrebbe diventare realtà di tutti giorni e bussare alla vostra porta, molto prima di quanto possiate immaginare.

CAP 5 – AUTONOMIA, PRIVACY, UGUAGLIANZA E PERSONALITA'

Le BCI, ed il loro potenziale uso bidirezionale, aprono ad una serie di domande che è auspicabile vengano approfondite da esperti e pubblico, prima della loro diffusione su larga scala.

Gli usi puramente medici delle interfacce neurali non sono solo facili da difendere, ma potrebbero essere visti addirittura come un imperativo morale: la tecnologia e i dispositivi che aiutano a ripristinare alcune funzioni perdute e una vita con meno dolore e più autonomia per gli individui dovrebbe essere perseguita assiduamente.

Tuttavia, la prospettiva a lungo termine indica una gamma molto più ampia di utilizzi, compreso l'impianto nel sistema nervoso centrale, in quello nervoso periferico e nei muscoli. Quando questi sensori vengono utilizzati, ad esempio, per stimolare il sistema immunitario o le funzioni cognitive, le sfide etiche diventano più complesse.

Con l'espandersi degli usi, aumentano anche i rischi: il rischio di perdita della privacy e dell'autonomia, il rischio di accesso ai pensieri e alle intenzioni da parte delle aziende, o il rischio di ampliare le disuguaglianze nella società.

L'autonomia è un tema chiaro. L'essenza dell'agire umano è la capacità di prende decisioni. E godere delle loro conseguenze, se giuste, o pagarne il prezzo, se sbagliate. Se e quando le nostre decisioni saranno influenzate da un'intelligenza artificiale che manipola il nostro cervello ad orientare i nostri comportamenti in un certo modo, le decisioni saranno ancora nostre?

Anche il tema privacy e sicurezza non è da meno. Un rischio identificabile riguarda la possibilità di hackeraggio di tali dispositivi. Il "Brainjacking", ossia la possibilità che gli aggressori esercitino un controllo malevolo sugli impianti cerebrali, è ritenuto probabile in varie forme. La prima è conosciuta come "attacco cieco", che non richiede alcuna conoscenza specifica del paziente e potrebbe portare all'interruzione della stimolazione, l'induzione di danni nei tessuti o il furto di informazioni contenute nel cervello. La seconda potrebbe avvenire sotto forma di attacchi mirati che compromettono le funzioni motorie, modificano le emozioni o gli affetti, inducono dolore o addirittura modulano il sistema di ricompensa. Inquietante vero?

Il tema dell'uguaglianza è quello tipico che si discute quando alcuni possono accedere all'aiuto di supporti tecnologici ed altri no. Magari solamente a causa di una diversa capacità di spesa. Data la loro natura impiantabile e le dimensioni estremamente ridotte, e quindi l'invisibilità ai propri simili, tali dispositivi possono essere indossati per lungo tempo senza essere consapevoli che i propri colleghi, amici o superiori sono effettivamente potenziati e in vantaggio comparativo, fisicamente e/o cognitivamente. Se e quando gli altri verranno a conoscenza dell'uso delle interfacce neurali, una componente chiave della vita sociale umana sarà gravemente compromessa, ovvero la fiducia. E attorno a questa si gioca gran parte della capacità relazionale dell'essere umano.

Ed infine il tema dell'alterazione della personalità. Con o senza il supporto di una BCI ci comporteremmo sempre nello stesso modo in una certa situazione? Oppure no? Una persona docile e affabile potrebbe diventare aggressiva e irruenta con un click. Possiamo decidere quale personalità disegnarci addosso? Ovviamente a seconda di quello che il contesto del momento richiede. E se entrasse in conflitto con quella naturale? Una volta spenta la corrente elettrica che altera il nostro modo di funzionare, siamo pronti a prenderci le conseguenze dei nostri comportamenti? Se decidessimo di essere artificialmente gioiosi e festosi ad un funerale, a posteriori sentiremmo il senso di colpa oppure no?

Come vedete, in questa fase, ci sono più domande che risposte.

CAP 6 – APPLICAZIONI FUTURE E CONCLUSIONI

Ad ogni modo, non tutte le applicazioni più fantasiose che ci passano per la testa sono destinate a diventare realtà. Alcune sono considerate più probabili di altre. Ecco una breve carrellata.

Applicazioni mediche. Le BCI potrebbero essere utilizzate per trattare un'ampia gamma di patologie neurologiche e psichiatriche, come la depressione, l'ansia e l'epilessia. Inoltre, le BCI potrebbero essere utilizzate per sviluppare trattamenti più efficaci per le malattie neurodegenerative come l'Alzheimer e il Parkinson. Mi piacerebbe molto, per esempio, vedere smettere di tremare le mani della mia anziana mamma, con un flag su un cellulare.

Miglioramento dell'apprendimento e della formazione. Un altro uso abbastanza pregevole sarebbe migliorare l'apprendimento e la formazione, consentendo alle persone di codificare e ricordare le informazioni in modo più efficace. Ad esempio, le BCI potrebbero essere utilizzate per aiutare le persone a imparare una nuova lingua o a sviluppare più rapidamente nuove abilità. Se le persone della mia generazione hanno sognato di imparare una nuova lingua mentre dormono, gli studenti di futuro lo potranno fare da sveglie, meglio e più in fretta.

Realtà aumentata e virtuale. Chiaramente le BCI potrebbero diventare utili per creare esperienze più coinvolgenti e interattive negli ambienti di realtà aumentata e virtuale. Gli utenti potrebbero controllare oggetti virtuali o navigare in ambienti virtuali usando solo il loro pensiero. Se il metaverso produce ancora un giusto scetticismo, la diffusione di queste tecnologie potrebbe rappresentare un assist potente in termini di user experience.

Miglioramento delle prestazioni umane. Le BCI aiuteranno a migliorare le prestazioni umane in un'ampia gamma di settori, come lo sport, l'intrattenimento e l'esercito. Ad esempio, le BCI potrebbero essere utilizzate per migliorare i tempi di reazione, le funzioni cognitive e le prestazioni fisiche. Sempre che gli organi di disciplina sportiva internazionali, ne consentano l'uso o creino delle "categorie" di partecipazione su misura.

Automazione. Le BCI potrebbero essere utilizzate per creare interfacce continue tra uomo e macchina. Ad esempio, le BCI potrebbero essere utilizzate per controllare la robotica avanzata, consentendo agli esseri umani di svolgere compiti in ambienti pericolosi o inaccessibili. Dalla fabbrica al controllo dei parametri di volo di un aereo, tantissime attività potrebbero passare dallo schermo direttamente nella mente del supervisore, potenzialmente anche da remoto.

Nel complesso, le applicazioni potenziali delle BCI sono molto vaste ed è probabile che nei prossimi decenni svolgeranno un ruolo sempre più importante in molti aspetti diversi della nostra vita. L'importante, a mio modo di vedere, è che il dibattito su questi temi diventi pratica comune. Il confronto tra contributi entusiastici e scettici o, addirittura, pessimistici è qualcosa che dovrebbe avvenire prima e non quando questi strumenti saranno già sul mercato. E questo capitolo vuole essere un minimo stimolo affinché questo accada.

WILD CARDS, CIGNI NERI E TECNOLOGIA

CAP 1 – COSA SONO LE WILD CARD

Probabilmente il lavoro più noto sulle wild card è quello di John Petersen, autore di Out of The Blue - How to Anticipate Big Future Surprises. Il libro di Petersen illustra una serie di eventi che, per la loro probabilità di sorprendere e per il loro potenziale di effetto, possono essere considerati "wild card". Eventi che l'autore definisce "a bassa probabilità e alto impatto che, se si verificassero, avrebbero un forte impatto sulla condizione umana".

È quindi grande la tentazione di chiamare Wild Card tutti quei fatti sorprendenti, inaspettati, di grande portata storica che hanno lasciato una traccia indelebile e segnato un confine ideale tra il prima e il dopo tali eventi. In linea teorica rientrerebbero in questa categoria Chernobyl, gli attacchi terroristici dell'11 Settembre, la caduta del muro di Berlino o dell'ex Unione Sovietica, ma forse anche gli shock petroliferi di metà anni '70, la pandemia di Covid e il crollo di Lehman Brothers. O, per guardare anche ad accadimenti positivi, la scoperta della fusione nucleare (non la fissione) o il protocollo di Montreal che bandiva i CFC salvando lo strato di ozono e forse il pianeta.

In realtà sono troppi eventi, con alcuni tratti in comune a dirla tutta, per poterli mettere genericamente sotto uno stesso cappello, senza capire un po' meglio di cosa stiamo realmente parlando.

E allora, approfondiamo: cosa sono davvero le Wild Card? Come detto, eventi a bassa probabilità e alto impatto. Ma non basta. Proviamo a declinare la frase.

Eventi. Stiamo quindi parlando di singoli eventi, non di forze emergenti, trend o fatti che si accumulano e poi ad un certo punto "esplodono". Confesso di essere un amante del bellissimo libro The Tipping Point di Malcolm Gladwell, che parla di una forma particolare di eventi dirompenti che sono causati da sequenze di fatti all'interno di un sistema che poi cambia in maniera drastica. L'autore, oltre 20 anni fa, fece gli esempi della diffusione di una pandemia, del successo di mercato del fax, di una nota marca di sigarette o di un famoso spettacolo televisivo. Tutti casi notevoli di successi emersi a seguito di una serie di eventi di accumulo studiati dall'autore, ma che non sono tutte propriamente Wild Card. Che io immagino scatenate quasi da un piccolo big bang.

L'altra caratteristica di una Wild Card è che non è reversibile. In realtà, in un certo orizzonte temporale i suoi effetti sono reversibili, ma l'evento scatenante in sé non lo è. Possiamo disintossicare le aree circostanti a Chernobyl dagli effetti delle radiazioni, ma l'esplosione del nucleo della centrale atomica, ovviamente non è reversibile. L'immissione di un ipotetico virus in grado di bloccare il world wide web è una Wild Card, ma i suoi effetti dannosi, ovviamente, potrebbero essere bonificati dagli esperti e gli effetti del virus disinnescati, fino a far tornare tutto alla normalità.

Le Wild Card, inoltre colpiscono la società in profondità e su scala globale. Vincere 100 milioni al superenalotto è sicuramente un evento a bassa probabilità ed alto impatto, ma afferisce principalmente alla sfera personale. La potremmo definire una Wild Card su scala individuale, o al massimo familiare, ma certamente i fenomeni di cui stiamo parlando coinvolgono contemporaneamente miliardi di persone in un colpo solo.

Questo "in un colpo solo" ci aiuta a capire un'altra caratteristica del nostro indiziato. Le Wild Card colpiscono all'improvviso, "suddenly" come direbbero gli inglesi ed il loro impatto si spande rapidamente in maniera drammatica. Il virus del Covid 19 ha colpito in Cina nell'autunno del 2019; appena il 15 Marzo dell'anno successivo l'Organizzazione Mondiale della Sanità lo dichiarava pandemia e il mondo si fermava, più rapido di così! Una tempesta solare potrebbe mettere fuori gioco l'infrastruttura satellitare del pianeta in pochi minuti e, nel giro di 1 o 2 giorni, gli effetti devastanti del suo blocco si ripercuoterebbero sull'intero pianeta. Ancora più veloce, ancora più temibile.

In compenso una Wild Card è un fenomeno immaginabile, qualcosa che abbiamo nei nostri radar e sappiamo che si potrebbe verificare. Certo la probabilità è bassa, inutile a mio avviso lanciarsi nella stima di inutili percentuali, ma non è un fattore completamente sconosciuto. Un concetto che ci aiuterà fra poco a distinguere le Wild Card dai Cigni Neri.

Infine, e giusto per sfatare qualche mito, la Wild Card non è necessariamente un fattore negativo. La recente narrativa ci ha portato a pensare a pandemie, guerre inattese, asteroidi che colpiscono la terra o ad altri fenomeni sconcertanti, ma può avere anche valenze positive. L'anno scorso l'uomo è riuscito per la prima volta a generare più energia di quanta ne era servita ad innescare un processo di fusione nucleare. Una nuova fonte di energia pulita è una Wild Card positiva.

Più in generale, una Wild Card può avere effetti positivi e negativi contemporaneamente. Come sempre, dipende dall'orizzonte temporale preso in considerazione. Se ci muoviamo nei 10 o 20 anni, spesso analizzati dai future studies, possiamo valutare sia gli uni che gli altri. Se il tempo osservato è più lungo, questa affermazione diventa in generale ancora più vera. Dal punto di vista dei dinosauri, l'asteroide che ne ha causato l'estinzione è sicuramente una Wild Card terribilmente negativa, ma senza quell'evento forse le specie sopravvissute non si sarebbero mai evolute fino a dar vita all'uomo. Quindi per noi, tutto sommato, è un evento che ha anche un'accezione positiva. Anche se dal Cretaceo ad oggi ci sono voluti oltre 65 milioni di anni.

CAP 2 – COSA NON SONO LE WILD CARD

La letteratura ed i giornali generalisti spesso usano il termine Wild Card affiancato o in alternativa ad altri termini che hanno significati simili, a volte spacciando le cose per sinonimi, ma che nel bagaglio del futurista sono cose diverse.

È giunto di momento di distinguere fra tali concetti. Il più noto è probabilmente Cigno Nero. La storia dietro il termine è gustosa. L'espressione "cigno nero" deriva dal poeta romano del II secolo Giovenale che, nella sua Satira VI, descrive una cosa come "rara avis in terris nigroque simillima cygno" cioè un uccello raro nelle terre e molto simile a un cigno nero. Quando la frase fu coniata, chiaramente si credeva che i cigni neri non esistessero. L'importanza della metafora serve a spiegare la fragilità di qualsiasi sistema di pensiero. Siamo convinti di qualcosa, fino a quando uno dei suoi postulati fondamentali non viene confutato e quindi tutta la teoria cade.

Perché i cigni neri esistono eccome. Vennero scoperti nel 1697 in Australia. Scoperti si intende dagli occidentali, perché per le popolazioni locali il fatto era già ampiamente noto. E forse sarebbero rimasti semplicemente degli uccelli dal piumaggio abbastanza raro, se nel 2007 l'ex trader e matematico Nicholas Taleb non avesse scritto un libro intitolato "Il cigno nero – come gli eventi improbabili governano la nostra vita". I Cigni Neri sono eventi di grande impatto, difficili da prevedere e molto rari, per i quali è impossibile calcolare con metodi scientifici la probabilità di accadimento. Ma c'è di più, dopo la prima registrazione dell'evento, questo viene razionalizzato con il senno di poi, come se fosse prevedibile e la natura umana ci spinge a inventare spiegazioni per il suo verificarsi a posteriori, per renderlo spiegabile e prevedibile. Ma non lo è. Un Cigno Nero è inimmaginabile. L'ascesa di Hitler, la diffusione di internet, la precipitosa dissoluzione del blocco sovietico, questi sarebbero Cigni Neri per l'autore.

Gli inglesi usano una terminologia molto chiara sull'argomento. Una Wild Card è un "known unknown", cioè un fatto potenzialmente conosciuto che raramente può accadere, un Cigno Nero è un "unknown unknown", cioè un evento praticamente sconosciuto, inimmaginabile, per il quale non possiamo nemmeno stimare una probabilità che accada.

Il secondo termine spesso associato alle Wild Card è segnale debole, o weak signal. The Future Of è stato spesso definito un podcast che si occupa di segnali deboli, ma è vero solo a metà; quindi, cerchiamo di capire meglio di cosa si tratta.

Provate a immaginare una classica matrice, come ne avete viste tante sui libri in qualsiasi disciplina. Su un asse abbiamo il grado di incertezza e sull'altro l'impatto. Sicuramente Wild Card e segnali deboli hanno in comune il grande grado di incertezza. E potenzialmente potrebbero avere anche rilevanti impatti globali, ma una Wild Card, se accadesse, avrebbe certamente impatti estremamente diffusi, un segnale debole non necessariamente. Inoltre, molte Wild Card sono solo nel nostro immaginario, non sono mai accadute. Un asteroide non ha mai estinto l'umanità, una tempesta solare non ha mai mandato in tilt i nostri satelliti, una guerra nucleare non si è mai verificata, il dollaro come valuta non è mai fallito e così via. Un segnale debole, per definizione è invece già accaduto, non è teoria, ha già avuto sviluppi pratici. E noi stiamo cercando di dargli un significato futuro che è solo potenziale. Potrebbe persino diventare una Wild Card, ma i suoi "parametri" per così dire non sono ancora del tutto settati: regna ancora una profonda incertezza.

Facciamo un esempio. A The Future Of vi ho spesso raccontato di università, centri di ricerca, startup ed aziende che stanno sviluppando batteri in grado di mangiare la plastica. Sarebbe un breakthrough tecnologico di straordinaria importanza, ma una tecnologia definitiva, adatta a tutte le tipologie di plastica, veloce, in grado di operare a temperatura ambiente e rilasciabile nell'ambiente senza pensieri... non esiste ancora. È quindi un meraviglioso segnale debole, anzi ormai è una tecnologia emergente della quale si parla abbastanza costantemente, ma non possiamo andare oltre. Se domani mattina, un'azienda svelasse di aver rilasciato nel Pacific Trash Vortex, il grande accumulo di plastica galleggiante nell'oceano, un batterio che in una settimana si è mangiato tutta la plastica lasciando l'ambiente intatto e pulito, quella sarebbe una Wild Card. Dal giorno dopo, il mondo potrebbe contare su una tecnologia trasformativa capace di cambiare in profondità infiniti aspetti della nostra vita quotidiana su scala globale.

Ed infine, andiamo a guardare un terzo ed ultimo termine spesso confuso con le Wild Card, le discontinuità. Le discontinuità sono cambiamenti nelle tendenze. Sono culmini, rotture o punti di svolta decisivi in cui si verifica un evento o un cambiamento storico significativo. Le discontinuità possono essere accelerazioni, rallentamenti o cessazioni totali, attese o inattese, del percorso di sviluppo noto.

È abbastanza chiaro da questo tentativo di definizione che, prima di osservare una discontinuità, dobbiamo aver già capito quale era la tendenza o il percorso di sviluppo nell'ambito che stiamo studiando. Ma poi succede qualcosa e abbastanza repentinamente la traiettoria cambia. Senza scomodare teorie più raffinate come la "distruzione creativa" e il ruolo dell'innovazione, la tecnologia si presta bene ad essere una discontinuità, anche se il concetto vale anche in campo sociale, politico e più in generale per qualsiasi sistema stiamo osservando.

Facciamo qualche esempio. Google e Wiki, VOIP, Facebook, You Tube e altre innovazioni simili sono state forze potenti che hanno cambiato gli ambienti commerciali e sociali e le pratiche di gestione dell'informazione personale. Se trenta anni fa la pubblicità era prevalentemente televisiva, oggi le aziende sanno benissimo che i loro consumatori sono raggiungibili anche e forse più spesso sui social, ed in questi luoghi investono. Se in passato per telefonare serviva un telefono, oggi la voce può essere trasformata in un segnale fatto di 0 ed 1, e trasportata via internet. Pensate a quanto velocemente abbiano dovuto reagire certi settori, come per esempio le telecomunicazioni, di fronte alla diffusione di questi prodotti.

Le recenti notizie sull'accelerazione dello scioglimento delle banchise artiche e sulle concentrazioni di gas serra nell'atmosfera possono creare discontinuità negli approcci politici nazionali e internazionali alla promulgazione di nuove norme. La direttiva europea appena promulgata sulle case green, per esempio, si inquadra nel più ampio obiettivo di ridurre del 55% entro il 2030 le emissioni nocive rispetto ai livelli del 1990. E visto che secondo la Commissaria per l'Energia dell'Ue le case consumano il 40% dell'energia e generano il 36% delle emissioni di gas ad effetto serra, oggi è inevitabile pensare di agire in quella direzione. Attenzione, non sto dicendo che sia giusto o sbagliato farlo, o che i tempi e i modi prescelti siano i migliori possibili, sto solo dicendo che siamo di fronte ad una discontinuità bella forte. Premesso che l'Italia aveva emesso norme sull'efficientamento energetico già dal 1976, siamo passati da periodi come il dopoguerra fino agli anni '80, in cui si costruivano case per far fronte alla crescita della popolazione, a futuri in cui sarebbe meglio costruire meno e, se proprio dobbiamo farlo, dovrà accadere nel rispetto rigido di norme a favore dell'ambiente.

E, per chiudere, qualche ultima discontinuità. I progressi nelle nanotecnologie, nella genomica e nell'informatica quantistica, se realizzati entro il prossimo decennio, potrebbero modificare radicalmente il nostro modo di produrre materiali, di praticare la medicina e di fare calcoli, con impatti pervasivi sulla società.

Se questi concetti sono chiari, ora passiamo a scoprire come si usano le Wild Card e ne esploriamo alcune di natura tecnologica davvero interessanti.

CAP 3 – WILD CARD E TECNOLOGIA, COME LE USIAMO?

Ora che abbiamo capito meglio cosa siano le Wild Card, la domanda sorge spontanea, come le usiamo? Ci focalizziamo su un evento a bassa probabilità ed alto impatto e ci ragioniamo sopra? E capiamo cosa fare se dovesse accadere? Certo, l'esercizio intellettuale sarebbe interessante, ma non è questo il modo in cui usiamo le Wild Card negli studi di futuro.

In generale, prima viene condotta un'analisi e descritti degli scenari. Poi si identificano le Wild Card rilevanti per il contesto che stiamo analizzando e solo in quel momento le si applicano, per far riflettere sugli impatti che potrebbero generare su tali scenari. In pratica un Wild Card si usa come una piccola scossa di terremoto o una scossa elettrica al nostro cervello, per farci uscire dalla nostra zona di comfort. Immaginare situazioni estreme ci aiuta ad innescare nuovi processi di pensiero e andare più in profondità nelle nostre riflessioni. Le Wild Card sono quindi una tecnica complementare utile ad espandere gli eventi possibili, non per anticiparli.

Quindi lo scopo non è capire cosa succederebbe in generale se, per esempio, l'infrastruttura satellitare arrivasse al collasso, ma come questo influirebbe sugli scenari futuri che stiamo costruendo. Come capite, se tale Wild Card fosse ritenuta rilevante, questa si potrebbe applicare ad uno scenario sul futuro del vino, come all'evoluzione di una città o al mondo del software.

Per arrivare ad avere uno o più scenari di partenza, più i medesimi scenari influenzati dalla o dalle Wild Card di riferimento. Sono un esercizio per allargare la mente, non per prepararsi in sé alle conseguenze tout-court di tale evento inaspettato.

Quali sono le Wild Card di natura tecnologica più conosciute? Come detto, per esempio l'impatto di una tempesta solare sulle infrastrutture satellitari, ma anche elettriche ed elettroniche del nostro pianeta. Ma anche il collasso di internet. Questi due eventi, ove tra l'altro il primo potrebbe essere anche causa del secondo, rappresentano un caso ancor più raro in cui due Wild Card potrebbero operare insieme, a cascata. Perché? Sappiamo che, quando i pacchetti di dati che passano da un computer all'altro non sono sincronizzati, il sistema si blocca. Senza un'ora precisa, ogni rete controllata dai computer è a rischio. Il che significa quasi tutto. E cosa serve a mettere in sincrono la rete? Sempre i satelliti. Quando i segnali GPS vengono interrotti, nel giro di poche ore, il tempo inizia letteralmente a slittare. Una frazione di secondo in Europa, rispetto agli Stati Uniti; una differenza minima tra India e Australia. Il cloud implode, le ricerche sul web diventano più lente, fino a che Internet si blocca. In un certo senso, una tempesta solare, ma anche un hackeraggio dei software satellitari o la loro distruzione a causa di un'ondata di detriti spaziali sono le catastrofi tecnologiche peggiori che potrebbero capitare. Torneremmo indietro di secoli in un batter d'occhio, forse ancora più velocemente che a seguito di una tanto temuta esplosione atomica.

Con un'accezione più ampia, anche la fine della Legge di Moore è una Wild Card. Però va spiegata. Non c'è ombra di dubbio che i limiti fisici della materia, presto o tardi, ci imporranno di non poter costruire microprocessori più piccoli di quelli realizzati manipolando i singoli atomi. E quindi finirà la nostra capacità di accrescere la capacità computazionale che, nell'ultimo secolo, ha viaggiato di pari passo con l'evoluzione umana? Per nulla. Quando quel momento arriverà, avremo i computer quantistici che avranno nuovamente accelerato e reso più veloce la nostra capacità di far di conto. Conieremo una nuova Legge di Moore che invece di applicarsi al silicio si applicherà ai qubit, ma il concetto è lo stesso. Fin dove ci potremo spingere con i computer quantistici? Oggi la risposta non esiste, ma è immaginabile che nemmeno la loro capacità sia infinita.

Se vogliamo guardare alle Wild Card più positive, la fusione nucleare non è tutto quello che possiamo dire in ambito energetico. La cattura e l'utilizzo dell'antimateria per produrre energia, per esempio, sarebbe qualcosa di infinitamente più grande? In linea di massima sì, ma va sfatato qualche mito. Quando l'antimateria entra in contatto con la materia, si annichilisce: la massa della particella e della sua antiparticella si trasformano in energia pura. Purtroppo, però, l'antimateria non può essere utilizzata come fonte di energia. Sebbene l'annichilazione di materia e antimateria rilasci energia, l'antimateria non è presente in natura: deve essere creata. Questo richiede di per sé molta energia. Anche lo stoccaggio dell'antimateria richiede molta energia.

L'inefficienza della produzione di antimateria è enorme: si ottiene solo un decimo di miliardo dell'energia investita. Se potessimo riunire tutta l'antimateria che abbiamo prodotto al CERN e annichilirla con la materia, avremmo solo l'energia sufficiente per accendere una singola lampadina elettrica per pochi minuti. Ma se questo è vero oggi... vista l'incertezza che grava sull'argomento, potremmo trovare soluzioni a questo problema? Se l'antimateria invece di produrla la trovassimo? Tutto molto bello, salvo che probabilmente stiamo entrando dal mondo delle Wild Card a quello dei Cigni Neri.

L'ultima menzione, come sempre, la merita l'intelligenza artificiale. Come sapete, siamo lontani da un'intelligenza artificiale generale, cioè un insieme di algoritmi capaci di replicare completamente l'intelligenza umana. A volte potreste aver sentito parlare di "singolarità" come il momento in cui un'intelligenza artificiale raggiungerà il livello di quella naturale o, in alcuni casi, quando una singola macchina avrà capacità superiori a quelle di tutti gli esseri umani messi insieme. Un evento che, al di fuori delle tante banalità che si possono affermare, l'argomento merita palcoscenici seri e professionali, io non considererei comunque una Wild Card. Perché comunque se tale "macchina" fosse al servizio dell'umanità e sotto il suo controllo, di fatto sarebbe solo uno strumento. Certo molto più evoluto e potente della macchina a vapore, dei primi computer, di internet o degli stessi computer quantistici, ma pur sempre solo uno strumento. La vera Wild Card, il vero "fattore scatenante" un cambiamento epocale sarebbe se questo blocco di hardware ed algoritmi cominciasse a decidere da solo, anche di fronte al parere contrario o al tentativo di bloccarlo da parte degli esseri umani. Il vero shock sarebbe avere di fronte un essere non biologico cosciente che decide da solo e potenzialmente in conflitto con noi. Per ora siamo ancora nel campo della "libera immaginazione", quasi da film di fantascienza, ma il confine con la realtà potrebbe essere più sottile di quello che sembri.

AGE TECH: IL FUTURO DELL'INVECCHIAMENTO

CAP 1 - SILVER TSUNAMI: INVECCHIAMENTO TRA REALTA' E PERCEZIONE

Entro il 2050, il mondo avrà più di due miliardi di persone di età superiore ai 60 anni, il doppio rispetto ad oggi. Lo chiamano "silver tsunami". L'età mediana ovviamente è destinata ad innalzarsi, in Italia si passerà dagli attuali 46 a 51 anni, in Cina da 37 a 48, in Brasile da 31 a 45. Noi muoveremo dall'attuale 30% al 40% di popolazione over 60, la Corea del Sud farà peggio dal 20% al 42%, la gigantesca India (per quella data il Paese più popoloso del mondo) dal 9% al 19%.

È quindi 60 anni l'età in cui si diventa vecchi? Secondo Pitagora è esattamente così. Per Dante l'età limite erano 70 anni, non a caso quando scrisse il famoso "nel mezzo del cammin di nostra vita", ne aveva giusto 35. In realtà, la media della percezione mondiale pone l'asticella a 66 anni, ma ogni Paese ha la sua interpretazione. Per gli Italiani si diventa "vecchi" dopo i 70, per gli Americani esattamente a 66 anni, in Arabia Saudita addirittura a 55 anni.

E quello della percezione è già un tema chiave. Nel mondo occidentale, sentirsi più giovani e avere un atteggiamento più positivo nei confronti dell'età e dell'invecchiamento sono associati a migliori risultati in termini di salute. Le persone che hanno un atteggiamento negativo verso la vecchiaia muoiono circa 7,5 anni prima di quelle positive.

Gli aspetti economici individuali sono l'altro grande pilastro. Alcune ricerche, svoltesi prevalentemente nel contesto anglosassone americano ed inglese hanno dimostrato che gli individui con maggiori disponibilità economiche vivono in media tra gli 8 ed i 10 anni in più, rispetto a quelle vicino o sotto la soglia della povertà. La differenza tra un ricco quartiere di Londra ed una periferia operaia di Manchester arriva ad oltre 17 anni!

Sembrano discenderne due conseguenze abbastanza palesi a questo punto. Se cambiamo la narrativa sull'invecchiamento da momento di decadimento fisico e cognitivo, fragilità, solitudine e malattia ad uno più positivo, possiamo aumentare la durata della vita delle persone? E se le facciamo stare meglio economicamente ed in termini di servizi, otteniamo lo stesso risultato?

Ovviamente le due domande sono semplicistiche e provocatorie, ma sono le risposte forse che ci devono colpire di più.

La narrativa dell'età anziana come momento buio della vita sta progressivamente cambiando. E non è un caso. La spesa degli over 50 nel contesto occidentale è di gran lunga superiore a quella dei millenials. In aggregato nel mondo, se fossero uno stato, gli over 50 rappresenterebbero la terza economia del pianeta.

L'allungamento dell'aspettativa di vita significa anche un allargamento del mercato potenziale in infiniti settori, da quello delle automobili al mondo assicurativo.

Gli over 60 e 70 spesso non si sentono per nulla vecchi e, quando sono in salute lavorano, viaggiano, fanno sesso e vivono una vita consapevole e ricca di nuove e diverse soddisfazioni.

L'età media di un CEO è 55 e l'età più rappresentata in questa categoria di individui è 58 anni. I segnali sono ancora insufficienti, ma l'immagine dell'anziano sta cambiando.

Dal punto di vista strettamente economico, pensionistico e dei servizi invece, lo scenario è particolarmente fosco. Se in passato abbiamo rappresentato la società come una piramide con alla base tanti giovani e pochi anziani al vertice, ora la sagoma sta diventando sempre più un rettangolo. E in futuro potremmo persino assistere a piramidi rovesciate. La promessa di mantenere gli obblighi pensionistici futuri di queste persone diventa sempre più labile.

Lo si capisce bene con il concetto di debito pensionistico implicito cioè il "valore attuale delle promesse pensionistiche future, al netto dei contributi pensionistici futuri, implicito nella legislazione corrente."

Con un rapporto tra debito pensionistico e PIL pari al 242%, l'Italia è il Paese con il valore più elevato, mentre la Germania ha un rapporto del 118%, la Gran Bretagna del 142%, gli Usa del 67%. Certo, questa fotografia non tiene conto della futura crescita del PIL e nemmeno di nuove potenziali norme future, ma questa zavorra rappresenta il principale problema economico futuro di molti Stati.

Non siamo però qui a parlare principalmente di economia. Anche se sarebbe bello addentrarsi nei meandri di questi concetti, nel prossimo capitolo vi racconterò come è fatto l'articolato e complesso mondo dell'Agetech, che è il nostro focus. Perché comunque vada, sono in molti al lavoro su tre fronti: migliorare la salute di chi invecchia, allungare la vita delle persone, e infine ringiovanirle, facendo tornare indietro l'orologio del tempo.

CAP 2 - AGETECH UN MERCATO DAI CONFINI INCERTI

Quando affronto un argomento, spesso inizio andando a vedere come è fatto il settore di riferimento, in modo da capire da quali player è composto, cosa stanno facendo e quali innovazioni tecnologiche sono in via di sviluppo. L'Agetech non fa eccezione, salvo che ha confini così variabili che ho subito scoperto che non esiste una definizione univoca.

Su uno dei tanti siti di economia ho trovato un'affermazione che dice "*gli analisti stimano che il mercato del ritardo della morte umana potrebbe valere 610 miliardi di dollari entro il 2025.*" Peccato che le parole contano e il "ritardo della morte umana" è solo uno dei tantissimi filoni dell'agetech. Per chiarirsi, se dico mercato dell'automobile, vi è abbastanza chiaro cosa contiene. Se già dico mercato della mobilità, oltre a chi fa automobili, contiene anche chi le noleggia, ma tutti gli altri servizi di trasporto, dai treni agli aeroplani, dalle metropolitane ai monopattini elettrici, fino alle app che vi consentono di prenotare un taxi o sapere fra quanti minuti arriva l'autobus che state aspettando.

Una bella tripartizione su come possiamo organizzare l'agetech ce la dà Deloitte, che lo divide in Health tech, Life sciences e Health care. In questo caso è importante capire quali "filoni" contiene ciascun gruppo, perché le etichette sono piuttosto ampie.

Health tech ha a che fare con:

- Le nanotecnologie che mirano a fornire terapie e medicine, in maniera altamente mirata, agli organi o persino alle cellule oggetto di attenzione;
- Diagnostica basata sull'intelligenza artificiale, il cui scopo ovviamente è migliorare la diagnosi di potenziali malattie, sia a casa che in ospedale;
- Robot e wearables progettati per migliorare lo stato fisico, mentale ed emotivo delle persone.

Nel filone ancora più vasto delle Life sciences invece troviamo:

- Le ricerche che cercano di spiegare le ragioni biologiche dell'invecchiamento e correggerle;
- Le terapie per ritardare e invertire l'invecchiamento;
- Le terapie genetiche e di rigenerazione o riprogrammazione cellulare per combattere l'invecchiamento.

Ed infine il filone denominato genericamente Health care dedicato a correggere le malattie causate dall'invecchiamento e che lavora su organi e tessuti vari, ma ricomprende anche la stampa di organi 3D, la rigenerazione di tessuti e gli ormoni della crescita.

Lo schema è chiaro, ma la terminologia inglese non aiuta a ricordarsi facilmente la struttura del settore e, quindi, ho provato a trovare ripartizioni più semplici. Nel corso della produzione dei suoi numerosi rapporti analitici sul settore e degli studi di casi speciali sull'industria della longevità, Aging Analytics Agency ha formulato un quadro di classificazione del settore, che suddivide l'industria della longevità in quattro segmenti distinti: Geroscience R&D, P4 Medicine, AgeTech e Novel Financial System.

Il primo segmento dell'industria della longevità è quindi la ricerca e sviluppo sulle geroscienze, ovvero il segmento della scienza e della ricerca biomedica che mira a trattare le cause principali dell'invecchiamento. Alcune delle branche più recenti della geroscienza cercano di trattare l'invecchiamento come un problema ingegneristico da risolvere utilizzando l'ingegneria biomedica avanzata.

Le 4 P, anche se istintivamente potreste non saperlo, sono invece un concetto abbastanza chiaro e diffuso. Medicina preventiva, personalizzata, di precisione e partecipativa. I termini sono abbastanza auto esplicativi, ma anche qui come potete capire emerge un mondo che ricomprende tantissime tecnologie, comportamenti ed approcci.

Il terzo segmento dell'industria della longevità è l'AgeTech, che in questo caso si riferisce in generale a tutte le tecnologie informatiche e digitali che aiutano a mantenere una maggiore funzionalità in età avanzata e che migliorano la qualità della vita con mezzi non medici. Questo segmento comprende anche forme avanzate e progressive di assistenza sociale, nonché prodotti e servizi che aiutano a preservare la neuroplasticità in età avanzata e così via.

Il quarto, se possibile è ancora più ampio e non ha molto a che fare con la medicina, visto che abbraccia tutte le innovazioni tecnologiche per gestire gli aspetti finanziari dell'invecchiamento. Sotto questo cappello troviamo quindi servizi che vanno dagli investimenti, alle assicurazioni, fino ai piani di accumulo integrativi e molto altro. Certo, tutti facilitati dalla grande diffusione del digitale, ma avreste mai immaginato che qualcuno estendesse il settore specificamente anche a questo?

Io, per semplificare ancora, e non certo per cercare di essere il primo della classe, vi fornisco la mia tripartizione, che mette al centro lo scopo per l'utilizzatore: migliorare il modo in cui si invecchia, allungare la durata della vita, ringiovanire. Non ho pretese che sia la più adatta, ma è quella che ci guiderà nell'approfondire le principali tecnologie del mondo dell'age-tech: l'oggetto del prossimo capitolo.

CAP 3 - LE PRINCIPALI TECNOLOGIE CONTRO L'INVECCHIAMENTO

Così come il settore dell'agetech non ha confini netti, anche le tecnologie per combattere l'invecchiamento sono molteplici ed i filoni di ricerca estremamente numerosi. Vediamo alcuni protagonisti che ci servono per approfondire concetti chiave.

Deciduous Therapeutics è un'azienda all'avanguardia nella ricerca anti-invecchiamento. Si concentra sullo sviluppo di nuovi farmaci che hanno come bersaglio le cellule senescenti, che sono un fattore che contribuisce a molte malattie legate all'età. Eliminando le cellule senescenti, Deciduous Therapeutics spera di migliorare le patologie e la durata della vita.

In passato si riteneva che le cellule umane si potessero replicare all'infinito, ma negli anni '60 è stato scoperto il contrario. Le cellule senescenti sono uniche in quanto smettono di moltiplicarsi, ma non muoiono quando dovrebbero. Rimangono invece nell'organismo e continuano a rilasciare sostanze chimiche che possono scatenare infiammazioni. Da un lato possono avere un impatto positivo, perché non replicandosi, evidentemente riducono la probabilità di replicazioni errate e quindi di tumori e altre malattie, ma dall'altro stimolando il sistema immunitario a rimuoverle, lo sovraccaricano di fatica rendendolo meno efficiente altrove, dove sarebbe più utile.

Il numero di cellule senescenti nel corpo di una persona aumenta con l'età. Quando il sistema immunitario invecchiato diventa meno efficiente, le cellule senescenti si accumulano e alterano le cellule sane. Ciò può influire sulla capacità di resistere allo stress o alle malattie, di riprendersi dalle lesioni e persino di imparare cose nuove, perché le cellule senescenti nel cervello possono degradare le funzioni cognitive.

Il secondo grande filone è quello della riprogrammazione cellulare. Shift Bioscience è una startup di machine-learning e riprogrammazione cellulare che ha il potenziale di creare farmaci che riportano in modo sicuro le cellule e i tessuti a uno stato giovanile. Altos Labs è una società di biotecnologie dedicata, anche lei, alla programmazione del ringiovanimento cellulare. Il suo obiettivo è ripristinare la salute e la resilienza delle cellule per invertire le lesioni, le malattie e le disabilità che si verificano nel corso della vita. Nel caso di Altos Labs i fondi per costituire questa società provengono da alcuni dei più ricchi uomini del pianeta, incluso Jeff Bezos e, quindi, c'è particolare eccitazione attorno al tema.

Spiegare la riprogrammazione è tema arduo dal punto di vista narrativo. Provo a farlo in maniera molto semplice. Gli esperti mi perdoneranno, ma spero di passarvi i concetti principali. L'introduzione di quattro geni specifici nel genoma di qualsiasi cellula adulta fa sì che ringiovanisca a uno stadio embrionale che è chiamato cellula staminale pluripotente indotta. La cellula staminale così indotta riacquista le proprietà delle cellule staminali embrionali, cioè, può differenziarsi in qualsiasi tipo di cellula adulta, ad esempio un neurone, una cellula cardiaca o una cellula epiteliale. Ciò suggerisce che, in futuro, sarà possibile riparare o produrre qualsiasi tipo di organo o tessuto a partire da queste cellule staminali indotte. Ma la strada è ancora lunga, perché a parte alcuni studi che hanno operato delle riprogrammazioni parziali, nella maggior parte dei casi, la tecnologia come la conosciamo oggi, può indurre il tumore.

E veniamo ai telomeri, altro tema di studio davvero intrigante. I telomeri sono le strutture che si trovano alla fine del nostro DNA e che aiutano a proteggere il DNA dai danni. Esiste una forte relazione tra la lunghezza dei telomeri e l'invecchiamento, con telomeri più corti associati all'età avanzata. Fortunatamente però, il tasso di accorciamento può essere modificato da fattori dietetici e di stile di vita adeguato.

Ma qualcuno sta cercando di andare oltre. Aviv Scientific è un'azienda di ossigenoterapia iperbarica che offre trattamenti per promuovere la crescita cellulare e la ramificazione di nuovi vasi sanguigni nelle aree cerebrali danneggiate da eventi come l'ictus. L'HBOT è un trattamento che prevede la respirazione di ossigeno al 100% ad alta pressione.

Gli studi clinici dell'azienda hanno dimostrato che questa tecnologia può aumentare la lunghezza dei telomeri, il che è positivo perché l'accorciamento dei telomeri è un segno di invecchiamento. L'azienda offre attualmente ben 60 trattamenti HBOT, che migliorano significativamente le prestazioni cognitive e fisiche dei pazienti.

Proseguiamo allora per completezza con gli altri calcolatori dell'età biologica. L'età cronologica, ovvero l'età espressa in anni di calendario, potrebbe non essere il miglior metodo per misurare invecchiamento, perché tutti invecchiamo a ritmi diversi a causa di una combinazione di fattori genetici e di stile di vita, come dieta, esercizio fisico, stress e sonno. L'età biologica, ovvero l'età interna del corpo, è una migliore rappresentazione del processo di invecchiamento.

Per calcolare l'età biologica, le aziende che si occupano di longevità hanno sviluppato algoritmi che tengono conto di dati provenienti dalla genetica, dagli esami sangue e da questionari su stili di vita ed abitudini. Dati oggettivi che, se usati insieme, forniscono un'esperienza altamente personalizzata.

Esistono tre metodi principali per misurare l'età biologica: gli orologi epigenetici, i predittori dei biomarcatori del sangue e appunto la lunghezza dei telomeri.

L'orologio epigenetico non è qualcosa che mettete al polso (o almeno non ancora), bensì un indicatore. L'epigenetica è lo studio di come i nostri comportamenti e gli ambienti in cui viviamo alterano il modo di funzionare dei nostri geni. A differenza delle modifiche genetiche, quelle epigenetiche sono reversibili e non modificano la sequenza del DNA, ma possono cambiare il modo in cui il corpo legge una sequenza di DNA. Ecco perché sono reversibili. Se un gene è stato "spento" a causa dell'aggiunta di determinati gruppi chimici al DNA, per esempio a causa dell'invecchiamento, noi lo possiamo riaccendere.

Misurando lo stato di questi comandi "accesi" o "spenti" siamo in grado di identificare una sorta di età biologica del corpo, che può differire da quella anagrafica.

L'ultimo calcolatore dell'età è l'analisi dei biomarcatori ematici: lo strumento di valutazione della salute più studiato, scientificamente validato e attualmente più accurato. I biomarcatori ematici sono anche uno degli indicatori più efficaci dell'invecchiamento, perché si modificano continuamente in risposta ai cambiamenti nell'alimentazione, nella forma fisica e nelle scelte di vita, il che significa che possono essere migliorati nel tempo seguendo raccomandazioni personalizzate. I miglioramenti dei biomarcatori ematici associati all'invecchiamento si traducono in un'età biologica più bassa.

Le aziende che forniscono test e modalità di misurazione di questi parametri sono moltissime. GlycanAge è un'azienda all'avanguardia nella ricerca sull'invecchiamento. Ha creato un kit per l'analisi dell'età biologica del sangue che non solo indica l'età del sistema immunitario, ma fornisce anche preziose indicazioni su come migliorare la propria salute. Alcune aziende come Elysium Health e True Diagnostic offrono ai consumatori test di previsione dell'età epigenetica. C'è persino interesse nel settore assicurativo a incorporare l'epigenetica nelle polizze di assicurazione sulla vita.

Deep Longevity, fornitore statunitense di sistemi di intelligenza artificiale per tracciare il tasso di invecchiamento, ha annunciato nel luglio 2021 che il suo orologio epigenetico, inizialmente progettato per utilizzare campioni di sangue, è ora in grado di utilizzare campioni di saliva. Lo sviluppo dell'orologio DeepMAge per utilizzare la saliva presenta una serie di vantaggi, da una procedura meno invasiva e dolorosa per i clienti a un potenziale rapporto costo-beneficio. Questo è un esempio di come la tecnologia della longevità stia diventando sempre più a misura di consumatore.

Ma ora proviamo a fare un passo avanti e chiediamoci cosa potrebbe succedere in futuro. Quanto potranno essere davvero pervasive queste tecnologie?

CAP 4 - JOHNSON, CLINICHE E SCENARI

Ipotizzare sviluppi futuri e tempi certi è un esercizio non banale.

Gli scienziati sono riusciti a invecchiare e ringiovanire a piacere i topi, ma passare dagli animali all'uomo non garantisce che il successo verrà replicato. I senolitici, per esempio, sono una promettente classe di farmaci in fase di studio progettati per eliminare le cellule senescenti. Uno dei principali senolitici è un farmaco sviluppato da Unity Biotechnology, un'azienda statunitense sostenuta da grandi investitori come il CEO di Amazon Jeff Bezos. Nel 2020, tuttavia, la loro sperimentazione di fase II per un trattamento dell'osteoartrite si è rivelata un fallimento. Ok, è solo un esempio, ma il messaggio chiaro è che tutto va prima testato sull'uomo e deve funzionare, il che non è per nulla scontato.

La Food and Drug Administration degli Stati Uniti, dove c'è la maggiore concentrazione mondiale di aziende e investitori focalizzati sul tema, non considera l'invecchiamento una malattia, il che, in un certo senso, ha impedito ai trattamenti per la longevità e l'invecchiamento di essere sperimentati. In base alle attuali norme di regolamentazione, le aziende farmaceutiche non possono produrre prodotti mirati a rallentare o invertire l'invecchiamento, ma possono solo creare farmaci destinati a malattie specifiche. Per decenni, i ricercatori hanno cercato di curare i sintomi dell'invecchiamento anziché le cause principali. Modificando la classificazione dell'invecchiamento in malattia secondo le regole della FDA, si aprirebbero le possibilità per i ricercatori di adottare un approccio innovativo al concetto di rallentamento della degenerazione delle cellule umane. Ma questo non è ancora avvenuto.

Per ora la sperimentazione umana di interi trattamenti, non di singole sostanze, sembra essere appannaggio di singoli multimiliardari desiderosi di "donare" alla scienza il proprio corpo.

Bryan Johnson è uno di questi. Investe due milioni di dollari all'anno ed è seguito da un team specializzato di 30 dottori. Obiettivo?

Riprogrammare interamente il suo corpo verso una nuova giovinezza. Vuole avere il cervello, il cuore, i polmoni, il fegato, i reni, i tendini, i denti, la pelle, i capelli, la vescica, il pene e il retto di un diciottenne.

Si chiama Progetto Blueprint e, francamente servirebbe un intero libro per descrivere tutti i complessi trattamenti a cui si sottopone. Dieta vegana, numero preciso di calorie assunte, occhiali speciali per bloccare la luce blu, massa grassa al 6%, massaggi particolari, creme e cibi antiossidanti, esami del sangue, scanner cerebrali, ultrasuoni, sostanze per ridurre le infiammazioni, laser terapia, integratori e chi più ne ha più ne metta. Detta così sembra una follia, ogni cosa fatta e assunta lungo 24 ore è mirata al ringiovanimento. Bryan Johnson in realtà è una cavia vivente ed io penso che la ricerca passi anche da questi comportamenti limite.

Ma per noi comuni mortali cosa c'è in ballo? Ad essere sinceri molto poco. Nel prossimo decennio al massimo senolitici venduti su internet come integratori, test sull'invecchiamento e sullo stile di vita come se piovesse e, per i più abbienti, cliniche antietà.

Se guardiamo a periodi più lontani, devo però citare uno studio intitolato "The future of aging in smart environments: Four scenarios of the United States in 2050" che ci offre qualche spunto di riflessione stuzzicante. Lo studio costruisce quattro scenari dall'incrocio di due variabili: la disponibilità della tecnologia intelligente (alta o bassa), l'integrazione sociale di cui godranno gli individui (alta o bassa).

Nell'ipotesi di poca tecnologia e poca integrazione sociale, gli anziani si chiuderanno nel proprio isolamento aspettando la fine. Se invece le tecnologie saranno poche, ma l'integrazione alta, gli anziani saranno assistiti. Coloro che invece preferiscono godere di bassa integrazione sociale, ma adottare tutte le tecnologie possibili e numerose rientrano in uno scenario definito "live free and die free" e così via.

Mutuando questo approccio, mi permetto di cambiare le variabili: diffusione consumer di tecnologie anti-ageing (alta o bassa), supporto dello Stato nel fornire tali tecnologie (presente o assente). Mi sembra una logica che possa tenere conto sia dell'evoluzione delle tecnologie, sia del comportamento degli Stati che oggi si occupano (come il nostro welfare state), o non si occupano (come il sistema privato americano) della salute dei loro cittadini.

Chiudo quindi, con quattro scenari:

La tecnologia antiageing è diffusa, a basso costo e se ne fa carico lo Stato (in tutto o in parte, almeno): vuol dire che l'invecchiamento viene considerato una malattia, i protocolli di cura sono noti ed il loro costo noto; allo Stato conviene farsi carico della spesa, in quanto inferiore all'assistenza dovuta per curare le malattie tipiche dell'invecchiamento, come cancro, Alzheimer e simili. L'allungamento della vita genera comunque un potenziale maggiore carico pensionistico, ma viene finanziato dai risparmi in campo sanitario.

La tecnologia antiageing è disponibile e diffusa, ma rimane una spesa privata: questo è possibile se i protocolli e le cure sono sufficientemente a buon mercato per gli individui. Esistono milioni di Bryan Johnson, ma non devono spendere 2 milioni di euro l'anno per mantenersi in salute per un tempo più lungo di quanto ammesso oggi.

La tecnologia antiageing non si è particolarmente evoluta, ma lo Stato se ne fa carico: in questo caso esistono poche tecnologie ancora piuttosto costose e molto individuali; lo Stato se ne fa carico solo se gli individui sono maggiormente a rischio di sviluppare gravi patologie legate all'invecchiamento, probabilmente condividendo il costo con loro. La cura dell'invecchiamento esce dalla nicchia, ma non esplode definitivamente.

La tecnologia antiageing non è diffusa e lo Stato lascia l'iniziativa ai privati: non essendo diffusa è probabilmente ancora costosa e non perfettamente efficace, solo la fascia più abbiente della popolazione si avvicina ai trattamenti. I più lungimiranti hanno attivato in anticipo assicurazioni sanitarie, piani di accumulo o altri strumenti finanziari per pagarsi trattamenti costosi ed in parte ancora sperimentali.

Ovviamente non è possibile esprimersi oggi su quali scenari vedranno la luce, probabilmente saranno diversi nelle varie geografie mondiali e potrebbero anche evolversi da uno scenario all'altro, man mano che la tecnologia sarà sempre più efficace e meno costosa. Quello che forse possiamo tenere a mente oggi, nelle nostre valutazioni, è che l'aspetto tecnologico è solo un fattore di scenari molto più complessi, che hanno determinanti etiche culturali, economico finanziarie e persino religiose in alcuni casi. Prendere una posizione sull'argomento, richiede quindi un intreccio di considerazioni e la ricerca di un equilibrio, tutt'altro che semplici.

INTELLIGENZA ARTIFICIALE E ARTE

CAP 1 – L'INTELLIGENZA ARTIFICIALE PUO' PRODURRE ARTE?

L'intelligenza artificiale è in una fase di boom e, come vedremo fra poco, ha già operato in diversi campi artistici dalla pittura alla musica, dalla scultura alla fotografia fino alla poesia. In alcuni casi affiancando l'uomo, in altri casi rimpiazzandolo completamente.

Prendendo ad esempio Chat GPT, che negli ultimi mesi è sulla bocca di tutti. Secondo il noto linguista, filosofo, scienziato cognitivo, storico e critico sociale americano Noam Chomsky, si tratterebbe solo di una forma di plagiarismo high-tech e di un modo per evitare di fare lo sforzo di imparare. Un plagiarismo in grado di scrivere ottime poesie, però.

Io, quindi, non assegno nessuna valenza negativa alla valutazione di Chomsky. Il processo creativo umano parte inevitabilmente dalle esperienze dell'artista e le filtra attraverso la sensibilità individuale, il momento e lo stato d'animo dello stesso. Non c'è nulla di nuovo sotto il sole, l'uomo rielabora quello che vive, l'algoritmo rielabora le informazioni che gli sono state date in pasto. Certo, la sua sensibilità viene da codice e matematica, ma il processo non è differente. Sarebbe quindi plagiarismo anche l'arte generata dall'uomo? Ne dubito. Allora anche l'AI può fare arte?

Forse potrebbe aiutare definire il concetto di arte. Ma è tutt'altro che banale. Arte è un termine ampio che comprende varie forme di creatività ed espressione umana. Comprende le arti visive (pittura, scultura, fotografia), le arti dello spettacolo (musica, danza, teatro), le arti letterarie (poesia, romanzi, saggi) e altro ancora. L'arte è spesso utilizzata per trasmettere emozioni, idee ed esperienze e può essere apprezzata per le sue qualità estetiche o per la sua capacità di provocare riflessioni e stimolare discussioni. Ma la definizione di arte è abbastanza soggettiva e può variare in base a prospettive culturali, storiche e personali.

Un'opera d'arte generata dall'AI può sicuramente trasmettere emozioni, provocare riflessioni ed avere qualità estetiche. Quindi nella definizione non ci trovo niente di esclusivamente umano al 100%.

Ho allora pensato che sarebbe più utile andare ad esplorare perché l'uomo fa arte. Hanno provato in molti a rispondere a questa domanda. Esistono numerose teorie sul perché gli esseri umani fanno arte e diversi autori hanno proposto varie prospettive sull'argomento.

Per la prima andiamo a scomodare un monumento, Immanuel Kant, e la sua teoria estetica. Il grande filosofo del diciottesimo secolo suggerisce che gli esseri umani fanno arte per apprezzare la bellezza e provare piacere estetico. Secondo Kant, l'arte serve come mezzo attraverso il quale gli individui possono impegnarsi con il mondo della sensibilità, evocando emozioni ed accedendo ad una forma unica di piacere. L'AI non parte sicuramente con questa idea, ma può provocare lo stesso effetto.

La seconda teoria è nota come teoria evolutiva ed è stata coniata da Ellen Dissanayake. L'antropologa e scrittrice ha proposto una prospettiva ove sostiene che l'arte è un comportamento innato radicato nella storia evolutiva dell'uomo. L'autrice sostiene che l'arte ha svolto un ruolo significativo nello sviluppo dei legami sociali, rafforzando la coesione di gruppo e facilitando la comunicazione. Sottolinea l'idea che l'arte soddisfi bisogni umani fondamentali, come la creazione di un senso di appartenenza e la promozione del benessere emotivo. Anche in questo caso, certamente l'AI non ha questo obiettivo nel fare arte, ma gli effetti nuovamente possono essere gli stessi.

L'ultima teoria si definisce "interazionismo simbolico" ed è figlia del sociologo e filosofo George Herbert Mead. La teoria di Mead propone che l'arte permetta agli individui di comunicare, esprimersi e impegnarsi in interazioni simboliche con gli altri. L'arte fornisce un mezzo per rappresentare e interpretare significati condivisi, norme sociali e valori culturali, consentendo agli individui di connettersi e dare un senso al mondo che li circonda. Qui mi trovo più in difficoltà a sostenere che l'AI possa lavorare sia sul piano dell'immagine che di quella del simbolo.

Quindi, se volessi accogliere solo la teoria di Mead, farei fatica a dire che l'AI può fare arte.

Ma c'è un ultimo elemento, prima di chiudere, che contribuisce al potenziale scetticismo sul tema. Mentre un artista umano si alza un mattino e decide autonomamente di dipingere, scolpire o scrivere una poesia, l'AI ha sempre bisogno di un input esterno. Può essere la banale accensione del computer o di un macchinario, o più in generale l'istruzione che l'essere umano le dà, il prompt come si suol dire, a produrre un certo risultato.

Ovviamente il tema è complesso, e questo è un libro di tecnologia; quindi, se dovessi provare a trarre una conclusione semplice, direi che l'intelligenza artificiale può certamente produrre manufatti, opere e composizioni che possiamo definire artistici, ma certamente non ha la scintilla creativa autonoma per farlo da sola. Per ora è arte algoritmica per interposta persona (umana).

CAP 2 – ESEMPI NOTABILI DI ARTE AI

Negli ultimi anni ci sono stati diversi esempi notevoli di AI applicata all'arte che hanno ottenuto attenzione e riconoscimento. Ecco alcuni esempi di rilievo, di cui potreste aver già sentito parlare, che sono un bel paradigma dell'evoluzione della materia.

Per iniziare andiamo indietro nel tempo, citando AARON, sviluppato da Harold Cohen alla fine degli anni Sessanta, come uno dei primi sistemi di arte artificiale significativi. AARON utilizzava un approccio basato su regole simboliche per generare immagini tecniche e mirava a codificare l'atto del disegnare. Si è evoluto dalla creazione di semplici disegni in bianco e nero alla pittura, utilizzando pennelli speciali e tinte scelte dal programma stesso.

Venendo a tempi più recenti, DeepDream è un progetto sviluppato da DeepMind di Google nel 2015. Utilizza reti neurali convoluzionali per generare immagini oniriche e allucinatorie migliorando e modificando iterativamente le immagini esistenti. DeepDream ha guadagnato popolarità per la sua capacità di creare immagini surreali e di grande impatto visivo, spesso somiglianti a paesaggi psichedelici o a tratti animaleschi.

Nel 2016, un team di data scientist e ingegneri ha collaborato per creare "The Next Rembrandt". Utilizzando algoritmi di apprendimento automatico e tecniche di deep learning, hanno analizzato e studiato le opere d'arte esistenti di Rembrandt per generare un nuovo dipinto nello stile del famoso artista olandese. Il progetto mirava a replicare lo stile e le tecniche artistiche di Rembrandt, mostrando come l'intelligenza artificiale possa imitare le opere di artisti famosi.

In questa breve carrellata, non possiamo però dimenticarci di AIVA, un compositore di intelligenza artificiale sviluppato da Pierre Barreau e dal suo team. AIVA utilizza algoritmi di deep learning per comporre brani originali di musica classica. È stato utilizzato per creare composizioni che sono state eseguite da orchestre e hanno ricevuto il plauso della critica. AIVA dimostra il potenziale dell'intelligenza artificiale nel campo creativo della composizione musicale, perché ovviamente c'è molto altro rispetto al campo delle arti visive.

Proseguendo, merita citare StyleGAN, che è un tipo di Generative Adversarial Network (GAN) o rete avversaria generativa, per fare una traduzione in italiano, sviluppata dal colosso mondiale dell'intelligenza artificiale, NVIDIA. Le GAN sono modelli di deep learning in grado di generare nuove immagini e StyleGAN, in particolare, è stata utilizzata per generare immagini altamente realistiche e dettagliate, tra cui volti umani e persino creature immaginarie. La tecnologia alla base delle GAN ha aperto nuove possibilità per la generazione di arte e contenuti visivi.

La scultura, spesso poco citata, non fa eccezione. Nel 2019, un artista di nome Snell ha realizzato una scultura chiamata un po' pomposamente Dio. Gli algoritmi di deep learning in questo caso sono stati utilizzati per scansionare e analizzare un database di opere d'arte storiche, per poi tentare di riprodurre i dati che avevano appreso. Nel caso di Dio, i dati di addestramento erano un archivio di oltre 1.000 sculture classiche, tra cui pezzi di grande rilevanza storica e classica, come il Discobolo e il David di Michelangelo.

Ma Snell ha fatto di più. Dopo aver terminato la creazione del modello 3D, ha smontato il computer su cui lo aveva realizzato e lo ha ridotto in polvere utilizzando una scatola sigillata appositamente progettata. Questa includeva l'involucro del computer, il disco rigido, la RAM e l'unità di elaborazione grafica. Ha quindi stampato in 3D uno stampo di Dio e ha colato la scultura in questo stampo usando la resina e i resti macinati del computer. In questo modo, dice, ha mostrato il suo controllo sugli algoritmi. Con i dati e il modello di addestramento usati per creare la forma di Dio ora ridotti letteralmente in polvere, la scultura esiste come artefatto unico e irripetibile. Mi chiedo ovviamente se Dio è diventata una scultura famosa più per le abilità dell'algoritmo o per l'azione dell'artista che chiaramente diventa molto simbolica.

Delle capacità poetiche e di scrittura di ChatGPT 3 e 4 avete già ascoltato tutto quello che c'era da sapere. DALL-E e Midjourney ci sbalordiscono ogni giorno di più. Nel mio blog, vi ho raccontato di una fotografia algoritmica che ha vinto addirittura il Sony World Photography Award e si potrebbe continuare a lungo con gli esempi.

Quelli raccontati sono solo alcuni casi di AI applicata all'arte, che mostrano i diversi modi in cui l'intelligenza artificiale può essere utilizzata per creare, imitare o migliorare le espressioni artistiche. Il campo dell'intelligenza artificiale e dell'arte è in continua evoluzione e i nuovi progressi e progetti continuano a spingere in là i confini del possibile.

CAP 3 – MA COME FANNO GLI ALGORITMI A PRODURRE ARTE?

Entrando un po' di più negli aspetti tecnici, mi sembra appropriato fare una breve carrellata di come gli algoritmi operano per produrre arte.

La logica di base è relativamente semplice da comprendere. L'apprendimento automatico applicato all'arte prevede l'addestramento di algoritmi informatici per analizzare e comprendere concetti, stili e modelli artistici. Elaborando grandi quantità di dati, come immagini, musica o testo, gli algoritmi possono imparare a riconoscere e generare arte in modo simile a come fanno gli esseri umani.

Il processo inizia con l'alimentazione dell'algoritmo con un set di dati diversificato di opere d'arte esistenti, che serve come set di addestramento. L'algoritmo analizza ed estrae da questi dati schemi, caratteristiche e peculiarità. Ad esempio, nel caso di opere d'arte basate su immagini, l'algoritmo può imparare a riconoscere forme, colori, texture o composizioni specifiche.

Una volta che l'algoritmo ha imparato dal set di addestramento, può generare nuova arte in base alle conoscenze acquisite. Ad esempio, può creare immagini completamente nuove, comporre musica o generare poesie. L'algoritmo può produrre arte in vari stili, imitando i modelli e l'estetica osservati nei dati di addestramento.

Gli algoritmi chiaramente possono utilizzare tecniche diverse a seconda del risultato desiderato. Alcuni algoritmi utilizzano modelli generativi, come le già citate GAN, che consistono in un generatore e in un discriminatore. Il generatore crea nuova arte, mentre il discriminatore valuta e fornisce un feedback sulla sua qualità. Attraverso un processo iterativo, il generatore impara a migliorare le sue creazioni sulla base del feedback del discriminatore. Tradotto, chiedo al generatore di produrre l'immagine di un'automobile sportiva dopo avergli dato in pasto un data set di immagini di veicoli. Il generatore produce un trattore, il discriminatore gli dice che ok ha quattro ruote e i fanali, ma non è una macchina. Il generatore riprova e propone l'immagine di un'utilitaria. Il discriminatore lo corregge, dicendogli che ok è un'auto, ma certamente non sportiva. E così via, fino a che il generatore si avvicina progressivamente al risultato voluto, fino a centrarlo.

Altri approcci all'apprendimento automatico includono il deep learning e le reti neurali. Questi metodi simulano il funzionamento del cervello umano, consentendo all'algoritmo di identificare modelli e relazioni complesse nei dati di addestramento.

Gli algoritmi di stile dell'immagine sono un'altra tecnica popolare per creare arte guidata dall'intelligenza artificiale. Questi algoritmi consentono agli artisti di applicare diversi stili di immagine a una singola immagine, creando effetti visivi unici e interessanti.

Gli algoritmi di stile funzionano combinando due immagini, una per il contenuto e una per lo stile, in un'unica immagine di output. L'immagine di contenuto fornisce la struttura generale, mentre l'immagine di stile fornisce informazioni sulle caratteristiche stilistiche che l'artista vuole applicare. Del resto, quando usate molti dei più comuni filtri che trovate sui social network, state facendo esattamente questo. Quando trasformate la vostra immagine in un cartone animato o in un quadro di Van Gogh, state usando un algoritmo di stile.

Chiudendo con altri tool di natura collaborativa, cito gli strumenti di disegno assistito dal computer, anche loro ampiamente utilizzati per creare arte guidata dall'intelligenza artificiale. Questi strumenti consentono agli artisti di disegnare e dipingere in digitale, con il computer che fornisce suggerimenti su colori, texture e stili.

Esistono diversi strumenti di questo tipo sul mercato, da software complessi come Adobe Photoshop e Corel Painter ad applicazioni più semplici e accessibili come Procreate. In questi casi, l'intelligenza artificiale viene utilizzata per analizzare il lavoro degli artisti e fornire suggerimenti che possono aiutare a raggiungere il risultato desiderato.

In campo musicale, gli esempi in quest'ambito sono notevoli. Jukedeck è una piattaforma di composizione musicale AI che consente agli utenti di generare musica royalty-free per vari scopi, come video, pubblicità o giochi. L'algoritmo di intelligenza artificiale alla base di Jukedeck analizza diversi elementi musicali come il tempo, il mood e la strumentazione per generare composizioni personalizzate in base alle preferenze degli utenti. Gli utenti possono perfezionare la musica generata in base alle loro specifiche esigenze.

Flow Machines è un progetto di ricerca targato Sony Computer Science Laboratories. L'obiettivo è quello di utilizzare l'intelligenza artificiale per assistere e migliorare il processo creativo della composizione musicale. L'algoritmo di intelligenza artificiale analizza un vasto insieme di brani musicali e impara a generare nuove composizioni in stili o generi specifici dal pop, al jazz fino alla musica classica.

Amper Music è una piattaforma di composizione musicale guidata dall'intelligenza artificiale progettata per i creatori di contenuti. Consente agli utenti di generare brani musicali personalizzati specificando l'atmosfera, il tempo e la strumentazione desiderati. L'algoritmo di intelligenza artificiale crea composizioni uniche in tempo reale, fornendo agli utenti musica su misura per le loro esigenze specifiche.

Ora che avete qualche elemento in più, poniamoci le classiche domande da futurista. Tutta questa tecnologia spazzerà via gli artisti umani? Cosa succederà in futuro?

CAP 4 – BAUDELAIRE, MULTISENSORIALITA' E OSSERVATORE AL CENTRO

Le polemiche sulle nuove tecnologie artistiche non sono una novità. Molti pittori hanno reagito all'invenzione della macchina fotografica, per esempio che vedevano come uno svilimento dell'abilità artistica umana. Charles Baudelaire, poeta e critico d'arte francese del XIX secolo, definì la fotografia "*il nemico più mortale dell'arte*". Nel XX secolo, gli strumenti di editing digitale e i programmi di progettazione assistiti dal computer sono stati respinti dai puristi perché richiedevano troppe poche abilità ai loro collaboratori umani. Il nemico è diventato Photoshop, poi le macchine fotografiche digitali negli smartphone, poi l'intelligenza artificiale, infine gli artisti stessi.

Spieghiamo. Secondo alcuni critici, ciò che rende diversa la nuova generazione di strumenti di intelligenza artificiale non è solo la capacità di produrre splendide opere d'arte con il minimo sforzo. È il modo in cui funzionano. Applicazioni come DALL-E 2 e Midjourney sono state costruite recuperando milioni di immagini dal web, per poi insegnare agli algoritmi a riconoscere schemi e relazioni in quelle immagini e a generarne di nuove con lo stesso stile. Ciò significa che gli artisti che caricano le loro opere su Internet possono involontariamente contribuire ad addestrare i loro concorrenti algoritmici.

Eppure, fotografia, pittura e arte in generale non sono morte. Come non è morta la radio con l'arrivo della televisione, i treni con l'avvento dell'auto e mille altre tecnologie che invece di farsi sorpassare si sono semplicemente evolute.

Dalla più antica pittura rupestre nella grotta di El Castillo alle poesie scritte dagli algoritmi, l'arte è stata al servizio dell'umanità. La tecnologia sta rendendo l'arte meno magica e più scientifica, ma non la ucciderà.

La tecnologia sta ridefinendo l'arte in modi strani e nuovi. Gli artisti trovano sempre nuovi modi per guardare cose familiari e creare forme visive utilizzando colori, luce e forme. Tutti questi elementi sono ora nelle mani della tecnologia, che in questa prima fase è più un collaboratore che un sostituto dell'uomo.

L'AI fino ad oggi è servita ad accelerare la produzione di arte, ad aumentare il livello di personalizzazione, a migliorare la qualità delle immagini esistenti e crearne di nuove, oltre che editare le immagini in maniera automatica, ma per ora c'è sempre dietro un uomo che fornisce un'istruzione. Anzi, in un certo senso, possiamo dire che il processo di costruzione di un algoritmo per generare un risultato artistico sta diventando una forma d'arte in sé. E sicuramente la presenza di strumenti alla portata dell'uomo comune democratizza la creazione dell'arte, come internet ne ha democratizzato l'accesso.

Ma non fraintendetemi, il fatto che ognuno di noi possa chiedere ad un'AI di creare qualcosa, non significa che ognuno diventi un bravo artista. Le dinamiche sono altre. Anzi resterà sempre una distinzione tra artisti veri e curiosi a buon mercato.

Stiamo già assistendo a una tendenza crescente che enfatizza l'esperienza e uno stile di vita incarnato al di sopra dei "prodotti". Le installazioni artistiche multisensoriali forniscono una varietà di stimoli sensoriali al pubblico. Tenendo conto di questa particolare tendenza, le arti visive del futuro potrebbero abbandonare il fascino dell'immateriale o dell'oggetto d'arte digitale, a favore di una raccolta e presentazione di esperienze e impulsi, facendo pieno uso delle tecnologie di realtà aumentata e virtuale presenti e future. Il processo di dematerializzazione si fonderà su un'enfasi sulle risposte sensoriali, volte a creare un'esperienza vivida a 360 gradi e perenne, o una sensazione tattile, orale e olfattiva. Lontano da una galleria o da un museo, si potrebbe indossare una tuta leggera insieme a un paio di cuffie VR o BCI per toccare, annusare, assaggiare e ascoltare le meraviglie che gli artisti hanno creato per noi.

L'AI potrà generare parte di questi contenuti, migliorare quelli creati "a mano" dall'artista, ottimizzare l'assemblaggio, ma probabilmente resterà sempre una creatività ed un coordinamento umano dietro le quinte, che renderanno l'opera umana.

Grazie a queste opere multisensoriali, credo che nell'arte, man mano che andiamo avanti, il ruolo dello spettatore cambierà e sarà meno passivo. Ci saranno nuove forme di opere d'arte che vivono e cambiano continuamente attorno all'osservatore e altre che resteranno più statiche. Non vedremo l'arte come qualcosa di passivo appeso a una parete, ma come qualcosa dove l'osservatore è parte in causa. L'arte sarà una parte integrante della nostra vita, non una decorazione.

In questo senso potrebbe essere ancora più democratica. Quello che invece mi auguro, perché non è un trend diffuso, è che le persone imparino a fruire dell'arte. Arrivare davanti o dentro ad un'opera e non sapere come affrontare il momento in cui la viviamo è un gap, è qualcosa che manca a molti di noi. Mi riferisco sia al modo di interpretare le nostre sensazioni davanti ad un'opera, sia a come leggerne le caratteristiche fondanti. E questo vale sia che si tratti di un quadro, una canzone, una poesia o una BCI che spara messaggi e sensazioni nel nostro cervello.

Forse la domanda da farsi non è tanto come evolverà l'arte di fronte all'AI, ma come evolveremo noi davanti al modo di leggere l'arte.

ESPLORAZIONE SOTTOMARINA: NEGLI ABISSI CON IL TITAN

CAP 1 – DAL TURTLE AL TURISMO SOTTOMARINO

Per capire come siamo arrivati alla sciagurata missione del Titan è necessario ripercorrere brevemente la storia dell'esplorazione turistica sottomarina, un mondo pieno di sorprese ed imprese affascinanti. Come probabilmente avrete già sentito, i sottomarini nascono per scopi prettamente militari. Dai disegni di Leonardo Da Vinci, si arriva infatti ai primi prototipi nel 1775 quando David Bushnell realizzò l'American Turtle, una sorta di doppio guscio di tartaruga del diametro di appena 2 metri, che mosso da una vite ad elica gestita a mano, serviva ad avvicinarsi alle navi nemiche e piazzare una mina. Uno sforzo a stelle e strisce per combattere gli odiati inglesi che all'epoca, ovviamente, avevano una potenza navale di gran lunga superiore.

Alla fine dello stesso secolo furono i francesi a realizzare e poi abbandonare il progetto del Nautilus, il primo scafo a forma allungata, ma in legno, manovrato a braccia che facevano ruotare un'elica, zavorre ad acqua e posto per otto persone. Progetto ripreso e migliorato poi nel 1863 dal famoso Le Plongeur, il primo prototipo ad avere uno scafo in ferro, ma più che altro il primo al cui interno si manteneva una pressione d'aria eguale alla pressione idrostatica esterna ed alimentato da una macchina, un motore, pensate, ad aria compressa. Si dice che fu proprio questo sottomarino ad ispirare il grande Jules Verne e il suo immortale Ventimila leghe sotto i mari.

Da lì in poi l'evoluzione militare e tecnologica è stata incredibile. Ma per arrivare ai primi sommergibili usati a scopo turistico e ricreazionale bisogna attendere il dopoguerra. Negli anni '60, un ufficiale della marina britannica di nome Anthony Smith sviluppò un piccolo sottomarino da turismo per una sola persona, chiamato, probabilmente non a caso, "Turtle". Era utilizzato principalmente per scopi ricreativi e poteva scendere a una profondità di appena 30 metri.

Negli anni '80, una società canadese chiamata Atlantis Submarines lanciò ufficialmente il moderno concetto di immersione turistica sottomarina. Nel 1986 introdusse il primo sottomarino turistico commerciale, chiamato "Atlantis I", nelle Isole Cayman. Atlantis Submarines opera ancora oggi in diverse destinazioni turistiche in tutto il mondo, con 12 mezzi, offrendo ai passeggeri l'opportunità di esplorare gli ecosistemi sottomarini, incluse le barriere coralline e relitti di navi affondate. Un business non banale, dato che si stima che da allora ad oggi, i passeggeri trasportati dalla società canadese siano stati oltre 12 milioni.

Nel corso degli anni, la popolarità del turismo sottomarino è cresciuta e diverse compagnie hanno iniziato a offrire esperienze simili. Questi sottomarini turistici sono in genere progettati per ospitare più passeggeri e offrono ampie finestre per osservare la vita marina e i paesaggi subacquei. I progressi della tecnologia sottomarina hanno permesso di vivere esperienze più sicure e coinvolgenti. I moderni sottomarini turistici sono dotati di sistemi di navigazione avanzati, scafi dal design migliorato e robusti dispositivi di sicurezza. Spesso dispongono di comodi posti a sedere, aria condizionata e sistemi audio per commenti guidati durante l'immersione.

Ma evidentemente tutto questo non è bastato, qualcuno ha sentito il bisogno di spingersi all'estremo e nonostante gli allarmi lanciati dalla comunità di esperti, non è riuscito a desistere dal desiderio di fama e di profitto.

CAP 2 – ALLARMI INASCOLTATI

OceanGate ha ignorato gli avvertimenti lanciati da più parti cinque anni fa sull'integrità dell'imbarcazione e le preoccupazioni per la sicurezza di portare turisti facoltosi a visitare il relitto del Titanic.

Nel 2018, il direttore delle operazioni marine di OceanGate è stato licenziato dopo aver presentato una denuncia sulla sicurezza del Titan, e sul fatto che l'azienda avrebbe potuto "sottoporre i passeggeri a un potenziale pericolo estremo in un sommergibile sperimentale". Temeva per lo scafo perché, ad esempio, un oblò della nave era certificato solo per 4.200 piedi di profondità, mentre il Titanic si trova a 13.000 piedi sotto la superficie.

David Lochridge, l'ex dipendente, aveva riferito i suoi timori riguardo al sommergibile all'Occupational Safety and Health Administration e aveva anche esposto in documenti giudiziari le sue preoccupazioni sulla sicurezza dello scafo del Titan e sul fatto che alcuni test non erano stati eseguiti sull'imbarcazione. Ricevendo in cambio una causa per violazione di segreti confidenziali.

Nello stesso anno, una lettera firmata dai leader dell'industria dei sommergibili metteva in guardia sul fatto che il Titan potesse non soddisfare gli standard di sicurezza o non ricevere ispezioni, test e certificazioni vitali da parte di terzi, come ha riportato il New York Times.

Nella lettera della Marine Technology Society, un'organizzazione commerciale che opera da 60 anni, ed è dedicata al progresso delle tecnologie oceaniche si diceva *"la nostra preoccupazione è che l'attuale approccio sperimentale adottato da OceanGate possa portare a esiti negativi (da lievi a catastrofici), che avrebbero gravi conseguenze per tutti gli operatori del settore"*. Risultato? 38 mittenti della missiva inascoltati, 1 destinatario della stessa morto nell'incidente di qualche giorno fa.

Definirono, inoltre, "ingannevole" il contenuto del marketing dell'azienda, in quanto sosteneva che il Titan soddisfaceva o superava determinati standard di sicurezza, ma l'azienda, in realtà, non aveva intenzione di far certificare l'imbarcazione.

E qui sta il bandolo della matassa. L'innovazione tecnologica si può spingere fin dove ciascuno desidera, ma se poi con i risultati di tale innovazione si pretende di vendere a caro prezzo servizi commerciali, rifiutandosi di sottoporsi a controlli, ispezioni, certificazioni ed autorizzazioni, questa non è più esplorazione oltre i confini, è stupidità. Potrei anche comprendere l'uso strettamente privato di tale innovazione, ma il Signor Rush non ha usato il battello nella piscina di casa, ma a 3.800 metri di profondità vendendo esperienze per centinaia di migliaia di dollari. Si stima che il solo costo delle operazioni di tentato salvataggio, tra l'altro siano costate tra i 6 ed i 7 milioni di dollari; un prezzo che probabilmente pagheranno i contribuenti americani.

CAP 3 – IMPLOSIONE

In parole povere, un'implosione è l'opposto di un'esplosione. In un'esplosione, la forza agisce verso l'esterno, mentre in un'implosione la forza agisce verso l'interno. Quando un sommergibile si trova in profondità nell'oceano, sperimenta la forza sulla sua superficie dovuta alla pressione dell'acqua. Quando questa forza diventa superiore a quella che lo scafo può sopportare, l'imbarcazione implode violentemente.

Alla profondità cui si era immerso il Titan, la pressione era circa 380 volte superiore a quella in superficie. Quindi se sulla nostra pelle grava praticamente un chilogrammo di pressione per centimetro quadrato (quella che noi chiamiamo una atmosfera), la colonna d'acqua sopra al sommergibile produceva una pressione di 380 kg per centimetro quadrato. Wow.

Le implosioni, come le esplosioni, sono molto violente. Quando lo scafo si rompe sotto l'enorme pressione esterna, viene rilasciata una grande quantità di energia e quindi possiamo dire che i cinque occupanti sono morti all'istante. Non hanno provato dolore, né si sono resi conto di cosa li abbia colpiti, se così si può dire.

La chiave è il design dello scafo che protegge l'imbarcazione dalla grande pressione esterna dell'acqua che cerca di schiacciare lo scafo. Gran parte della tecnologia esistente si basa su acciaio, titanio e alluminio. Le prestazioni di questi materiali in condizioni di stress estremo sono infatti ben note.

Tuttavia, lo scafo del Titan aveva un design sperimentale. Utilizzava principalmente fibre di carbonio, che hanno il vantaggio di essere più leggere del titanio o dell'acciaio, per cui il Titan poteva avere più spazio per i passeggeri. Un mezzo, comunque, di poco meno di sette metri, praticamente un pulmino. Tuttavia, le proprietà delle fibre di carbonio per le applicazioni in acque profonde non sono ben comprese. Possono incrinarsi e rompersi all'improvviso. Ed è per questo che il mezzo non era certificato nella sua interezza.

Inoltre, il Titan aveva già effettuato alcune immersioni in acque profonde, il che avrebbe contribuito all'affaticamento dello scafo, rendendolo più incline a un cedimento catastrofico. La fibra ha resistito una volta, due, tre, quattro e poi ha ceduto. Qualcosa che probabilmente non sarebbe avvenuto, usando materiali più tradizionali.

Per molti giorni quindi ci siamo fatti la domanda sbagliata. Cioè, se ritrovandolo intatto avremmo potuto salvarli. A quanto abbiamo letto, la Guardia Costiera americana era già stata informata della possibile implosione, grazie a tecnologie acustiche militari, non meglio precisate in quanto segrete, che avrebbero raccolto i suoni dell'incidente sin da subito. Il dubbio poteva venirci sin da subito. Se un rover era alla ricerca nei pressi del Titanic, un indizio evidentemente c'era sin dall'inizio.

Ma per un paio di giorni abbiamo sperato tutti in un esito analogo a quello del Pisces III. Nel 1973, l'equipaggio di due persone del Pisces III rimase intrappolato sul fondo del mare al largo dell'Irlanda per 76 ore e fu salvato da sottomarini con soli 12 minuti di ossigeno a disposizione, ma quel salvataggio avvenne a una profondità di soli 500 metri. Il Titanic si trova a quasi 4.000. E così, questo episodio resta ancora l'unico caso di salvataggio in profondità della storia umana.

Va invece sfatato il tema del joystick utilizzato per guidare il mezzo. È stato definito poco tecnologico ed arretrato. L'esercito americano utilizza i controller di Xbox 360 per sparare cannoni laser, controllare droni e persino azionare i periscopi dei sottomarini d'attacco a propulsione nucleare della Marina. Non era proprio quello il problema.

CAP 4 – IL FUTURO DELLE ESPLORAZIONI

Nel breve termine, esattamente come diceva la lettera della Marine Technology Society, l'incidente avrà gravi conseguenze per gli operatori del settore. Anche quelli seri. Alzi la mano chi ora, proprio adesso, vorrebbe entrare nella pancia anche di un collaudatissimo mezzo per scendere a guardare la fauna marina o una barriera corallina.

L'emozione è ancora troppo forte. Ma le emozioni, si sa, durano un battito di ciglia. Presto dimenticheremo il Titan ed il settore riprenderà la sua espansione. Che è molto più utile di quello che sembra, specialmente se ambiente e sostenibilità faranno parte dell'equazione.

Con le crescenti preoccupazioni per l'ambiente, potrebbe esserci una maggiore enfasi sulla sostenibilità nell'esplorazione turistica sottomarina. Le aziende potrebbero adottare pratiche ecologiche come l'utilizzo di sistemi di propulsione elettrici o ibridi, l'incorporazione di fonti di energia rinnovabili e l'implementazione di linee guida più severe per ridurre al minimo l'impatto sugli ecosistemi marini.

Poiché sempre più persone cercano esperienze di viaggio uniche, potremmo assistere a un'espansione delle operazioni turistiche sottomarine verso nuove destinazioni. Le regioni costiere con diversi ecosistemi marini e attrazioni subacquee potrebbero diventare luoghi popolari per le immersioni con mezzi adeguati allo scopo.

Nella sola Italia abbiamo oltre mille siti archeologici subacquei. E parliamo solo di quelli mappati, quelli totali sono molti di più.

Tap, la società che gestisce il gasdotto che da Grecia e Albania, attraversando il Mare Adriatico, arriva sulle coste del Salento, ha contribuito al recupero di reperti ceramici dell'età corinzia trovati a 780 metri di profondità nel Canale d'Otranto e ha finanziato il loro restauro nel laboratorio della Soprintendenza nazionale di Taranto.

La famosa villa di Lucio Pisone a Baia, a due passi da Napoli, si trova sott'acqua. Nasconde i segreti del tradimento a Nerone e di come l'imperatore se la sia per vendetta amabilmente confiscata e usata per i suoi piaceri, dopo aver invitato l'ex amico a... suicidarsi.

Ma potremmo offrire anche navi militari americane affondate a Ponza, 5 relitti di epoca romana a Ventotene, il piroscafo usato da Garibaldi a largo delle Isole Tremiti, ma anche interi borghi sommersi nei laghi come Curon o Movada, il Cristo degli Abissi nella Baia di San Fruttuoso in Liguria... e questo giusto per citare i più famosi.

Questa espansione potrebbe anche includere collaborazioni con organizzazioni di conservazione marina e istituti di ricerca per offrire esperienze educative e contribuire alla ricerca scientifica. Ed è questo lo spunto che mi piace di più. Andare, vedere, imparare... per conservare, rispettare e divulgare.

Abbiamo mappato appena il 10% dei fondali oceanici globali, conosciamo il fondo del mare meno dei crateri e della superficie lunare. C'è ancora molto da fare. Ma per conoscenza e conservazione, non per fama e profitto.

BATTERIE ALLA SABBIA

Secondo alcune stime, sul pianeta Terra esisterebbero circa cinque milioni di miliardi di miliardi di granelli di sabbia. E nello spazio, comunque ci sono più stelle.

L'affidabilità del calcolo lascia ampi margini al numero reale, ma quello che a noi interessa qui è che qualcuno ha iniziato ad usare la sabbia come accumulatore per sistemi di conservazione dell'energia. Una "batteria di sabbia" è appunto un accumulatore di energia termica ad alta temperatura che utilizza sabbia o materiali simili alla stessa come mezzo di accumulo. L'energia viene immagazzinata nella sabbia sotto forma di calore.

È un concetto piuttosto recente. Il termine "batteria di sabbia" è stato infatti introdotto al grande pubblico da un articolo di BBC News pubblicato il 5 luglio 2022. Ed è diventato virale.

Se pensate che si tratti solo di un bel concetto con una definizione azzeccata che strizza l'occhio al tema della sostenibilità ambientale, vi sbagliate. È già realtà. La prima batteria di sabbia commerciale al mondo si trova in una città chiamata Kankaanpää, nella Finlandia occidentale. È collegata a una rete di teleriscaldamento e riscalda edifici residenziali e commerciali, come case-famiglia e la piscina comunale.

Per gli ingegneri finlandesi la sfida consisteva nel riuscire a fornire energia rinnovabile costante per tutto l'anno, anche di fronte ai cambi di stagione e condizioni meteorologiche variabili. La risposta, che si trova nella centrale di Vatajankoski, 270 km a nord-ovest della capitale finlandese, Helsinki, è basata su qualcosa di straordinariamente semplice, abbondante ed economico: la sabbia.

La centrale elettrica di Vatajankoski ospita la prima batteria di sabbia su scala commerciale al mondo. Completamente racchiusa in un container d'acciaio alto 7 metri, la batteria è composta da 100 tonnellate di sabbia da costruzione di bassa qualità, due tubi per il teleriscaldamento e un ventilatore. La sabbia diventa una batteria dopo essere stata riscaldata a 600°C grazie all'elettricità generata da turbine eoliche e pannelli solari.

L'energia rinnovabile alimenta una resistenza che riscalda l'aria all'interno della sabbia. All'interno della batteria, l'aria calda viene fatta circolare da un ventilatore intorno alla sabbia attraverso tubi di scambio termico. Uno spesso isolamento circonda la sabbia, mantenendo la temperatura all'interno della batteria a 600 C, anche quando fuori si gela. E credetemi, in Finlandia quando si dice si "gela", non è un eufemismo.

Oltre a riscaldare circa 100 abitazioni e, come detto, alcuni edifici pubblici, l'energia in eccesso può tornare anche alla rete, abbassando il prezzo della stessa. Un win-win che conviene proprio a tutti. Senza dimenticare il non trascurabile vantaggio, che a differenza di altri materiali basati su reazioni chimiche, che esauriscono nel tempo la loro capacità di immagazzinare e rilasciare energia... la sabbia è praticamente infinita, non perde di qualità nel tempo. Le batterie a ioni di litio che usiamo per i nostri computer e telefoni si degradano, anche mentre non vengono utilizzate, la sabbia no. Non sono adatte ad applicazioni grandi e, ovviamente, sono infiammabili. Insomma, la sabbia ha indiscutibili vantaggi ed un minor impatto ambientale.

Ovviamente gli esperti notano che ci sono anche delle limitazioni. Una batteria a sabbia immagazzina da cinque a dieci volte meno energia (per unità di volume) rispetto alle batterie chimiche tradizionali. Inoltre, non sono ancora state scalate per grandissime applicazioni e devono diffondersi in congiunzione con altre tecnologie che l'energia la generano, come appunto solare ed eolico. Quando daranno prova di poter soddisfare i bisogni di business energivori, come un forno, una lavanderia o una fonderia, vuol dire che saremo arrivati ad un gran risultato che ne favorirà la diffusione.

Anche se costano molto meno. Generare 8 MWh di energia utilizzando la batteria di sabbia di Kankaanpää costa circa 200.000 dollari. Una batteria agli ioni di litio che immagazzina 8 MWh di energia costerebbe almeno 1.600.000 dollari. Una bella differenza! In compenso, il processo di ri-conversione del calore in energia da restituire alla rete ha un'efficienza di appena il 30%. Meno del 70% che viene considerata una performance minima accettabile.

In conclusione, come spesso accade, la tecnologia ha dei pro, ma anche dei contro, o più che altro dei limiti che devono ancora essere superati.

Cosa ci insegna questa storia? Primo, che la ricerca per rendere più sostenibile quello che facciamo è un filone piuttosto evidente per il futuro. Gli sforzi di sensibilizzare le nuove generazioni sugli aspetti climatici, comincia a dare frutti. Questa invenzione non proviene da complessi laboratori di ricerca, ma dall'idea di due giovanissimi ingegneri mentre ancora stavano studiando per prendere un MBA. E, da quello che raccontano, da allora il loro cellulare non ha smesso di squillare un secondo. Del resto, l'idea è grandiosa nella sua semplicità.

Secondo, ci testimonia l'effervescenza del mondo delle batterie. Gli studi su questo oggetto, così ovvio per l'uomo comune, sono innumerevoli. Batterie con la giusta potenza per far sollevare in volo i futuri veicoli elettrici, batterie per garantire maggiore autonomia ai veicoli autonomi e non, continua ricerca di materiali più diffusi ed a minor costo di quelli usati oggi. C'è una pletora di iniziative là fuori, che rende le batterie uno degli oggetti più desiderati ed importanti del pianeta.

Terzo, la futura "green revolution" da molti auspicata, non si baserà su un'unica tecnologia capace di risolvere tutti i problemi del pianeta. Energie rinnovabili, nuovi tipi di batterie, sistemi di riciclo veloce dei nostri scarti, impianti di "pulizia" dell'aria... forse anche geo-hacking del clima. Abbiamo bisogno della convergenza di molte nuove tecnologie, perché il cambiamento dei comportamenti umani consolidati, e spesso deleteri per l'ambiente, è invece lentissimo.

LI-FI, TRASFERIRE I DATI CON LA LUCE

Il Wi-Fi è una delle tecnologie a noi ormai più familiari, giusto? Forse la usate regolarmente per ascoltare le nuove puntate di The Future Of. Qualcuno si è spinto a dire che è veramente casa dove c'è il Wi-Fi. Ma, a parte le battute, c'è un'altra tecnologia di trasmissione di dati a distanza che sta guadagnando terreno, ed è il Li-Fi, dalla parola "light", cioè luce.

A differenza del Wi-Fi, il Li-Fi utilizza infatti la luce invece delle onde radio per trasmettere i dati. Questo approccio offre la possibilità teorica di raggiungere velocità di trasferimento dati significativamente più elevate e una minore suscettibilità alle interferenze. Poiché lo spettro della luce visibile è circa 10.000 volte più grande dello spettro radio, il Li-Fi ha un enorme potenziale di larghezza di banda.

In termini di utente finale, la tecnologia è simile al Wi-Fi: la differenza tecnica principale è che il Wi-Fi utilizza la radiofrequenza per indurre una tensione elettrica in un'antenna per trasmettere i dati, mentre il Li-Fi utilizza la modulazione dell'intensità della luce per trasmettere i dati.

Bello, semplice e potente. E allora perché non è lo standard? È utile allora andare a ripercorrere la storia, insieme ai pro ed i contro di questa meravigliosa tecnologia del futuro.

Il termine è stato introdotto per la prima volta da Harald Haas durante uno dei famosi discorsi TED Global, nel 2011 a Edimburgo. È quindi una tecnologia piuttosto recente che sta perfezionando i suoi dispositivi attorno a standard in continua via di definizione.

Da quel momento in poi, test e perfezionamenti tecnologici ce lo hanno fatto conoscere. Nel giugno 2018, il Li-Fi ha superato un test in uno stabilimento BMW di Monaco di Baviera per il funzionamento in un ambiente industriale. Nell'agosto 2018, la Kyle Academy, una scuola secondaria in Scozia, ha sperimentato l'uso del Li-Fi all'interno della scuola. Gli studenti erano in grado di ricevere dati attraverso una connessione tra i loro computer portatili e un dispositivo USB capace di tradurre in dati la rapida corrente di accensione e spegnimento dei LED del soffitto. Nel giugno 2019, l'azienda francese Oledcomm ha testato la propria tecnologia Li-Fi al Paris Air Show. E molti altri si stanno cimentando nel renderlo utile e performante, ma ancora in contesti privati e non su larga scala.

Abbiamo quindi capito che il Li-Fi è un sistema di comunicazione luminoso in grado di trasmettere dati ad alta velocità negli spettri della luce visibile, dell'ultravioletto e dell'infrarosso ed utilizza lampade a led appositamente progettate.

Oltre alla velocità, uno dei principali vantaggi risiede nel fatto che è in grado di funzionare in aree altrimenti soggette a interferenze elettromagnetiche, come le cabine degli aerei, gli ospedali o mezzi militari.

Per capire ulteriori vantaggi e svantaggi dobbiamo chiarire che le comunicazioni a luce visibile (dette VLC) funzionano spegnendo e accendendo la corrente dei LED a una velocità molto elevata, al di là della capacità di percezione dell'occhio umano. Le tecnologie che consentono il roaming tra varie celle Li-Fi, noto anche come handover, possono permettere di passare da un Li-Fi all'altro senza soluzione di continuità. E questo è un bel vantaggio. In compenso però, le onde luminose non possono penetrare i muri, il che si traduce in un raggio d'azione molto più breve, ma anche in un minore potenziale di hacking rispetto al Wi-Fi.

Conseguenza di questo è anche che dispositivo emittente e ricevitore si devono trovare in linea visiva tra loro; o almeno nello stesso ambiente, dove la luce rimbalzando sulle pareti e le superfici può raggiungere il dispositivo ricevente. Poiché la gamma di onde corte del Li-Fi non è in grado di penetrare i muri, per garantire una distribuzione uniforme del Li-Fi sarebbe necessario installare trasmettitori in ogni stanza di un edificio. Gli elevati costi di installazione associati a questo requisito per raggiungere un livello di praticità della tecnologia sono uno dei potenziali svantaggi.

Anche dal punto di vista energetico può esserci qualche "contro". La dipendenza dalle lampadine a LED significa che la sorgente luminosa deve essere alimentata e illuminata continuamente, anche quando non è richiesta la comunicazione dei dati, il che potrebbe non essere efficiente dal punto di vista energetico. Anche se questo mi sembra un problema facilmente risolvibile. La luce si "accende", solo quando il ricevitore le invia un segnale di qualche tipo e si mette "in ascolto". Quindi se il mio, ipotizziamo telefono cellulare, non è nella stanza, la luce si spegne.

Infine, il Li-Fi non sembra idealmente adatto a uno scopo di comunicazione in mobilità, dato che altre fonti di luce, ad esempio il sole, potrebbero interferire con il segnale.

Per cosa potrebbe essere usato allora? Una comunicazione efficiente Li-Fi dei dati è possibile in ambienti come gli aerei passeggeri commerciali. L'utilizzo di questa trasmissione dati basata sulla luce non interferisce con le apparecchiature dell'aereo che si basano sulle onde radio, come il radar. E sarebbe un bel vantaggio rispetto ad oggi, dove quando saliamo su un aereo rischiamo di restare tagliati fuori dal mondo per la durata del viaggio. A meno di essere disposti a spendere cifre non banali per le connessioni.

Un discorso analogo potrebbe essere fatto per gli ospedali, dove sono presenti molte apparecchiature basate su segnali radio o radio sensibili. Paradossalmente potreste usare il vostro telefono mentre vi stanno facendo una radiografia. Anche se credo che il vantaggio non sia tanto per voi, quanto per la protezione di macchinari costosi e che svolgono compiti salvavita.

In ambito industriale l'utilizzo è invece potenzialmente molto ampio. Sia per la velocità che per la protezione dalle interferenze. I robot e le macchine che si muovono in fabbriche, magazzini ed impianti industriali devono spesso avere una latenza bassissima, ed il Li-Fi si presta sicuramente meglio di altre tecnologie esistenti. Anche se noi restiamo sempre in attesa del 5G.

Infine, qualcuno ha ipotizzato soluzioni anche per il mondo della mobilità, dove i veicoli autonomi, per esempio, si potrebbero scambiare dati attraverso le luci anteriori e posteriori, oppure comunicare con i lampioni e quindi con l'infrastruttura urbana. Anche se qui, abbiamo già detto della potenziale interferenza della luce del sole, che potrebbe rendere non percepibili i segnali luminosi.

Cosa ci insegna il percorso ormai decennale di crescita del Li-Fi? Primo, che esistono soluzioni alternative ai classici segnali basati su radiofrequenze per trasmettere dati. Secondo, che non c'è ancora una killer application che abbia reso il Li-Fi indispensabile ai suoi utilizzatori. È una buona soluzione in alcuni contesti specifici, comunque con pregi e difetti. Terzo che, quando parliamo di tecnologie di "trasmissione", non dobbiamo mai dimenticarci dell'apparato ricevente. Se esistono o possono essere adattate lampade a led per la trasmissione, non sono per niente diffusi dispositivi di ricezione dotati della medesima tecnologia. Quando una tecnologia si deve evolvere da entrambi i lati e non ha un vantaggio talmente forte da superare tutti i difetti, difficilmente potrà diventare qualcosa di grosso.

L'INTERNET OF BEHAVIOURS

L'Internet of behaviours (IoB) o, anche "internet dei comportamenti", è un sistema innovativo che sta rapidamente cambiando il nostro modo di interagire con il mondo digitale. Questa tecnologia, che in realtà è l'uso combinato di diverse tecnologie, utilizza sensori, intelligenza artificiale, analisi dei big data e molte altre soluzioni per monitorare, analizzare e prevedere i comportamenti umani.

Per dirla in altro modo, l'IoB consiste in una combinazione di IoT, scienza comportamentale e analisi dei dati, con l'obiettivo di raccogliere dati relativi al comportamento individuale, dai quali derivare dei modelli. Questi dati vengono poi analizzati prima di utilizzarli per vari scopi, come il miglioramento delle campagne di marketing o il monitoraggio medico dei pazienti, o potenzialmente mille altre applicazioni.

Se pensate che sia semplicemente una terminologia del mondo dell'informatica, del marketing o l'ennesima invenzione delle società di consulenza, ascoltate un paio di previsioni interessanti. IBM e McKinsey stimano che, entro il 2030, sul pianeta ci saranno circa 10 sensori o dispositivi di IoT a persona. Visto che siamo oltre 8 miliardi di esseri umani, il conto totale è presto detto.

Ma non è tutto, Gartner (la famosa società di analisi e ricerche) stima che entro il 2025 circa metà della popolazione mondiale sarà coinvolta, in qualche modo, in un programma di IoB. Numeri grandi, quindi, molto grandi.

Quali sono allora i pilastri?

- In prima battuta, l'IoT, cioè l'infrastruttura di sensori e interfacce che raccolgono i dati. Possono essere di tantissimi tipi, dalla localizzazione fisica, alla spesa, le attività quotidiane, la salute, le condizioni fisiche etc... Ho parlato spesso in passato del cosiddetto "io-algoritmico", cioè il tentativo di misurare e codificare qualsiasi attività umana persona per persona.

- Secondo, la psicologia del comportamento. Che serve a capire le motivazioni dietro le scelte individuali.
- Infine, l'analisi dei dati, cioè gli algoritmi che analizzando i dati, prima individuano dei modelli di comportamento e poi possono suggerire azioni per influenzare tali comportamenti.

In passato ho lavorato per un decennio in aziende di marketing che raccoglievano i dati dei consumatori, per poi identificare e mettere in pratica pratiche commerciali per vendere di più, aumentare lo scontrino medio, la frequenza di acquisto, far provare nuovi prodotti, promuovere i nuovi lanci o i nuovi negozi e così via.

E allora cosa ci sarebbe di nuovo in questo IoB? Non sono queste cose che il marketing fa da sempre?

Qui direi che ci sono almeno tre novità sostanziali.

Primo, l'IoB, ha un numero di fonti di gran lunga maggiore del passato. Questa tecnologia si basa sull'integrazione di intelligenza artificiale, machine learning, analisi dei big data, cloud computing, dispositivi IoT, applicazioni mobili, dispositivi indossabili, realtà aumentata, realtà virtuale, sistemi di automazione robotica, navigazione Internet ed altro ancora. Quindi non si tratta solo di misurare un fenomeno che accade in negozio, ma mentre facciamo praticamente qualsiasi cosa. E questa non è poca cosa, anzi è una sfida tecnologica notevole, perché ogni fonte genera i dati alla sua maniera e renderli tutti leggibili da un solo algoritmo è tutt'altro che banale.

Secondo, e non meno importante, l'IoB può operare in real-time. E quando dico "operare" non intendo meramente la raccolta del dato grezzo, ma anche la sua elaborazione per dargli un significato. Nella mia esperienza passata i dati venivano trasmessi dai punti vendita di notte, quando i negozi erano chiusi. Entravano in un grande database e, se tutto era andato bene, solo allora i data analyst potevano iniziare a lavorare sui dati. Servivano, a volte giorni o settimane per elaborare dei report che il marketing utilizzava poi per disegnare azioni e campagne. Le quali, a loro volta, tra processi di approvazione, allocazione dei budget, realizzazione di materiali promozionali vari, comunicazione e lancio richiedevano ulteriori tempi lunghi.

Oggi, e qui veniamo alla terza novità, sono algoritmi di intelligenza artificiale a lavorare sui dati e trasformali in azioni o raccomandazioni in tempo brevissimo. Anzi, in realtà, gli algoritmi vengono utilizzati per fare analisi predittiva o automatizzare i processi decisionali. Tradotto, l'uomo esce dal loop nella fase di maggiore creatività, perché la macchina agisce potenzialmente da sola.

Le tecnologie coinvolte nell'implementazione dell'IoB includono sensori ambientali per il monitoraggio delle condizioni circostanti, protocolli di comunicazione come Wi-Fi e BLE, capacità di elaborazione "edge" per l'elaborazione locale dei dati, algoritmi di machine learning per l'analisi dei dati raccolti, database per la memorizzazione delle informazioni e API per l'integrazione con altre applicazioni o servizi. Tutto parla con tutto. Forse tranne che con l'uomo.

In compenso, i guadagni di efficienza, produttività e costo sono evidenti.

D'altra parte, da grandi potenzialità derivano anche grandi responsabilità e grandi rischi. I dubbi relativi alla privacy sono talmente evidenti che non credo sia necessario aggiungere commenti banali. Ma lo stesso vale per il tema più generale anche della "manipolazione" dell'audience. Se anche l'utente darà il suo consenso a far elaborare i dati dagli algoritmi, per cosa verranno usati e da chi? Influenzare i comportamenti per motivi di solo profitto o per orientare per esempio le scelte politiche è un campo minato. Se già abbiamo paura dello tsunami di disinformazione e fake news che potrebbero colpire a breve le prossime elezioni americane, per esempio, cosa succederà nel futuro, quando questa tecnologia diventerà ancora più potente e pervasiva?

E che dire dei possibili usi malevoli dei dati? Se i meri dati sono già fonte di phishing, ransomware e attacchi di ogni tipo, cosa succederà quando oltre ai dati conosceremo comportamenti e preferenze? Sono tutte domande alle quali abbiamo oggi risposte deboli, anche perché i legislatori dei vari Paesi sono spesso più lenti della tecnologia e quindi le leggi inseguono, più che dettare la strada migliore.

Nonostante tutto questo, possiamo immaginare che in futuro, l'IoB affronterà diversi sviluppi. Le tendenze che ipotizzo sono le seguenti:

- l'uso sempre più diffuso dell'intelligenza artificiale per l'analisi comportamentale automatizzata; parliamo di evoluzioni che non richiederanno anni, bensì mesi;
- l'adozione di dispositivi indossabili come alternative ai sensori tradizionali per la raccolta di dati comportamentali; nonostante la grande diffusione sono ancora in aumento;
- la diffusione di sensori di IoT urbano: oggi le città hanno ancora relativamente poca sensoristica e piuttosto verticale per certi scopi (il traffico, l'inquinamento, la sorveglianza), cosa succederà quando inizieranno ad utilizzare i dati anche per scopi di conoscenza comportamentale?
- lo sviluppo di standard di interoperabilità per consentire l'integrazione tra diverse piattaforme IoB; come detto è la molteplicità di fonti a rendere l'IoB potentissimo; più i dati saranno messi in comune, più sarà facile addestrare gli algoritmi;
- l'attenzione crescente alla privacy e alla sicurezza dei dati comportamentali: le normative arriveranno e quelle già esistenti, magari non pensate specificamente per queste fattispecie, comunque faranno casi di scuola.

In conclusione, possiamo affermare che l'Internet dei comportamenti rappresenti una tecnologia in crescita che ha il potenziale per rivoluzionare il nostro modo di interagire e comprendere il comportamento umano. Sfruttando tecnologie avanzate come l'intelligenza artificiale e l'analisi dei dati comportamentali in tempo reale, l'IoB offre opportunità per migliorare l'efficienza, la sicurezza e l'accuratezza in una varietà di settori. Per rimanere al passo con questa tecnologia in evoluzione, è essenziale che i leader tecnologici continuino a seguire le tendenze e a esplorare come sfruttare al meglio il potenziale dell'IoB ed i legislatori comincino a normare i contorni di questa tecnologia garantendo privacy, sicurezza agli utilizzatori finali.

VIRTUAL RETINAL DISPLAY

La tecnologia dei display retinici virtuali (VRD), nota anche come proiezione retinica o display a scansione retinica, è una tecnologia emergente che non ha ancora visto una diffusa adozione commerciale. Ma, come vedremo fra poco, questo non vuol dire che non abbia profili di utilizzo intriganti per il futuro.

Prima di tutto, come funziona? Un display retinico virtuale funziona proiettando un'immagine direttamente sulla retina dell'occhio, senza bisogno di schermi tradizionali. Questa tecnologia utilizza il laser o altre sorgenti luminose per creare immagini che appaiono direttamente nel campo visivo dell'osservatore, dando l'illusione che le immagini fluttuino davanti a lui.

La tecnologia VRD è in grado di produrre immagini attraverso la scansione di luce laser a bassa potenza direttamente sulla retina, creando immagini ad alto contrasto, alta risoluzione e luminosità. E, oltre a questi vantaggi, offre un ampio campo visivo senza alcun disturbo di fondo.

Utilizza fasci di luce scannerizzata proiettati direttamente sulla retina. Viene focalizzato un piccolo punto della retina sul quale viene proiettata l'intera immagine sotto forma di immagine raster. Il raster è una matrice di spazi di colore, quindi un concetto diverso dai pixel, ma ugualmente funzionale.

La struttura è costituita da sorgenti luminose, ottiche e controllori disponibili anche a basso costo. Le sorgenti di fotoni (di luce) sono costituite da singoli laser monocromatici, un diodo laser rosso, un laser blu ad argon e un laser verde ad elio-neon. L'insieme, come potete immaginare, deve essere abbastanza piccolo da poter essere inserito in una montatura per occhiali.

Potreste pensare, ma siamo matti a proiettare un laser sulla retina? Sulla carta potrebbe sembrare un dispositivo dannoso, occhi e laser apparentemente non vanno molto d'accordo. Ma non è così, è sicuro grazie alle basse intensità dei laser. I suoi livelli di potenza in uscita sono inferiori di diversi ordini a quelli prescritti come limite di sicurezza dall'American National Standard, per esempio.

Da dove arriva questa idea? Il VRD è stato inventato da Kazuo Yoshinaka della Nippon Electric Co. nel lontano 1986. In seguito, il lavoro svolto presso l'Università di Washington nello Human Interface Technology Lab ha portato al perfezionamento del sistema nel 1991. La maggior parte della ricerca sui VRD è stata condotta finora in combinazione con vari sistemi di realtà virtuale. In questo ruolo i VRD hanno il potenziale vantaggio di essere molto più piccoli dei sistemi televisivi esistenti. Condividono tuttavia alcuni degli stessi svantaggi, in quanto richiedono una sorta di ottica per inviare l'immagine all'occhio, tipicamente simile al sistema di smart glasses utilizzati con le altre tecnologie note.

Ma, al di là degli aspetti tecnici, quali sono le potenziali applicazioni di questa tecnologia?

Una delle applicazioni più attese della tecnologia VRD è proprio quella al servizio dei dispositivi realtà aumentata, come gli smart glasses. Ne abbiamo sentito fantasticare tutti. Questi occhiali potrebbero fornire agli utenti informazioni contestuali, sovrapponendo contenuti digitali al mondo reale senza soluzione di continuità. Immaginate di avere indicazioni di navigazione, notifiche e informazioni rilevanti visualizzate nel vostro campo visivo senza dover guardare uno schermo separato.

A ovvio corollario di quanto sopra, si presta anche a scopi ludici. I display retinici virtuali potrebbero offrire un'esperienza di gioco incredibilmente coinvolgente proiettando elementi di gioco direttamente sulla retina. Ciò eliminerebbe la necessità di schermi convenzionali e offrirebbe un ambiente di gioco più naturale e coinvolgente.

Inoltre, la tecnologia VRD potrebbe essere utilizzata per scopi medici, consentendo ai chirurghi di visualizzare informazioni dettagliate o dati in tempo reale direttamente durante le procedure, senza dover distogliere lo sguardo dal campo operatorio. Potrebbe anche migliorare la formazione e l'istruzione medica fornendo agli studenti esperienze coinvolgenti. In maniera simile a quello che alcuni visori di realtà virtuale stanno già proponendo.

Poi, nelle applicazioni legate alla mobilità, la tecnologia VRD potrebbe essere utilizzata per proiettare informazioni critiche, come la velocità, le indicazioni di navigazione e gli avvisi di sicurezza, direttamente sulla linea visiva del conducente, riducendo la necessità di distogliere lo sguardo dalla strada. Se passiamo dalla strada ad ambienti più complessi, come per esempio il volo, un pilota potrebbe trarne simili benefici.

In buona sostanza tutti coloro che potrebbero avere un beneficio dai tradizionali visori di AR e VR, godrebbero particolarmente di una proiezione sulla retina: progettisti, architetti, manutentori, militari e così via.

Se quanto ho detto è teoricamente tutto accettabile, mi sono allora chiesto perché questa tecnologia non si sia ancora particolarmente diffusa. Con tutti questi pregi ed una storia che affonda a metà anni '80, come mai il virtual retinal display non è ubiquo?

Diciamo che, nonostante tanti pregi, ci sono anche parecchi problemi. Il primis, le tecnologie di cui la VRD poteva essere un complemento di successo, come AR e VR, non hanno certamente ancora avuto la diffusione sperata. Se avesse potuto essere una miglioria di qualcosa già ampiamente diffuso, si sarebbe diffusa anche lei, ma così non è. Se le applicazioni di AR e VR sono ancora relativamente limitate e di nicchia per tutti i possibili utilizzatori che vi ho raccontato un istante fa, figuriamoci la VRD!

Va detto che i sistemi VRD spesso faticano a fornire un ampio campo visivo rispetto ad altre tecnologie di visualizzazione come gli schermi tradizionali o i visori, il che può limitare la loro utilizzabilità per le applicazioni immersive.

La tecnologia, inoltre, se è semplice da spiegare, non è semplice da realizzare. La creazione di immagini accurate e di alta qualità sulla retina è una sfida tecnica complessa. Raggiungere una messa a fuoco precisa, l'accuratezza dei colori e la luminosità, mantenendo al contempo il comfort e la sicurezza dell'utente, può essere difficile. I sistemi VRD, tra l'altro, richiedono ottiche complesse e un allineamento preciso per proiettare efficacemente le immagini sulla retina. Questa complessità può tradursi in dispositivi più ingombranti e meno facili da usare, almeno per adesso.

La sensazione di avere immagini proiettate direttamente sulla retina, infine, potrebbe non essere confortevole per tutti gli utenti. Alcuni individui possono accusare affaticamento degli occhi, mal di testa o altri disagi quando utilizzano i dispositivi VRD per periodi prolungati. Non diversamente da quanto già avviene per la realtà virtuale.

Ultimo aspetto, come spesso accade, non possiamo dimenticare gli ostacoli normativi. Le tecnologie emergenti devono spesso affrontare sfide normative, soprattutto in termini di standard di sicurezza e salute. Il rispetto di questi standard può essere un processo lungo e costoso.

Che conclusioni possiamo trarre da questo episodio? Primo, banalmente, non tutte le tecnologie hanno successo. Se il timing di mercato non è perfetto, spesso i progetti possono restare tali e non diffondersi mai appieno. Per il momento, ad occhio, e non è una battuta... a questa tecnologia manca ancora la killer application ed un champion che investa pesantemente nella sua realizzazione e promozione.

Secondo, quando si parla di vista, la tecnologia sembra essere sempre molto lenta. È uno dei nostri organi principali, determina molti aspetti della nostra vita: anche l'idea eccellente di potenziarlo, per ora non ha avuto grande successo. La tecnologia c'è, ma siamo sempre ragionevolmente cauti. Un conto è curare i difetti visivi, e infatti occhiali e lenti a contatto sono strumenti di potenziamento, in senso lato, diventati ormai per tutti. Ma aggiungere qualcosa a ciò che già funziona non sarà mai banale.

IL DOMINIO DEI VEICOLI AUTONOMI

Le auto autonome sono uno dei next futures più dibattuti. Gli esperti però non concordano minimamente su quando questi mezzi saranno realmente operativi sulle nostre strade. Intendo quelli di livello 5, capaci di guidare davvero in autonomia ed in tutte le condizioni e, aspetto cruciale, nell'ambito di una regolamentazione completa che li accolga senza problemi.

In un certo senso le cosiddette driverless cars sono già realtà e devono solo perfezionarsi. Uber, Waymo, Cruise, Tesla tra gli altri hanno già ottenuto risultati notevoli ed i loro mezzi battono le strade sin dal 2017, prima in versione di test poi con robotaxi autorizzati, ma chiaramente in ogni stato del mondo le regole e la velocità di adozione saranno diversi.

Si stima che la tecnologia per la realizzazione di veicoli autonomi sicuri sia stata sviluppata per circa l'80%. L'ultimo 20% è la parte più difficile da completare ed è incerto il lasso temporale che sarà necessario.

Le sfide ancora da risolvere riguardano eventi insoliti e rari che possono verificarsi lungo qualsiasi strada o autostrada. Tra questi, le condizioni atmosferiche, gli animali selvatici che attraversano la carreggiata e i lavori di costruzione lungo le strade.

Un'altra serie di problemi è emersa da quando Cruise e Waymo hanno lanciato i loro servizi di ride-hailing autonomo a San Francisco. La National Highway Traffic and Safety Administration statunitense ha aperto un'indagine nel recente dicembre 2022, solo sei mesi dopo l'approvazione dei servizi. Ha citato incidenti in cui questi veicoli "potrebbero aver effettuato frenate brusche e inappropriate o essersi immobilizzati". Insomma, la direzione è giusta, ma il percorso non ancora completato.

C'è un certo consenso attorno al 2035, ma personalmente mi sembra che sia più una data facile: non così vicino come il 2030, non così lontano come il 2040.

In questo episodio ci spostiamo quindi più avanti di almeno una ventina d'anni, se non di più, andiamo oltre il 2050 e proviamo ad immaginare uno scenario dove le auto autonome sono realtà consolidata. Anzi, facciamo di più, inseriamo una variabile cruciale: la auto autonome sono gli unici mezzi che potranno essere venduti e circolare sulle strade. Lo so, è estremo, ma negli esercizi di futuro spingersi oltre semplificando, è spesso un punto di partenza per poi tornare all'indietro e ragionare su come possiamo arrivare a scenari simili. Quindi, che impatto avranno sugli ambienti urbani e sulla nostra vita? Come vivremo quando questi mezzi saranno la normalità?

Partiamo quindi dal caso d'uso più ovvio, mi alzo e devo andare a lavorare. Sarò proprietario della macchina? Sarà parcheggiata in strada attorno a casa o in garage, come oggi? Probabilmente no. Già da alcuni anni vi è un progressivo abbandono della proprietà delle auto. Spendiamo migliaia di euro per acquistarle, manutenerle, assicurarle e così via e spesso le usiamo per pochi minuti al giorno, viaggiando per di più da soli. Per il 95% del tempo le macchine risultano, infatti, parcheggiate. È quindi possibile che la auto autonome saranno a chiamata, come i taxi. Dislocate in punti strategici dedicati della città, si muoveranno poco prima di arrivare da noi e ci porteranno dove vogliamo. Per poi immediatamente riattivarsi per il prossimo cliente, minimizzando i tempi di sosta, se non per le ricariche. Ci saranno mezzi per i soli passeggeri, mezzi per merci e materiali di tipo "cargo" e probabilmente anche mezzi misti per ottimizzare le possibilità ed il tempo in movimento.

Non sarà però lo scenario immediato. Resisterà una vasta gamma di persone, manager, individui abbienti, abitudinari, appassionati di auto che continueranno ad averla in proprietà. Opteranno per modelli più lussuosi e personalizzazioni interne secondo le necessità: liberando la postazione del guidatore saranno più spaziose all'interno, potranno avere un tavolino, uno schermo o persino uno o più letti per i viaggi più lunghi.

I mezzi a chiamata avranno tariffe diverse per l'utilizzo. Se vogliamo un'auto familiare, che porti al lavoro prima il marito, poi la moglie, poi i figli a scuola avrà un prezzo. Se saremo soli un altro. Se consentiremo il ride-sharing con sconosciuti, lungo percorsi ottimizzati da un algoritmo, saranno ancora più convenienti. Se dovranno trasportare le persone più lontano, per esempio tra due città prendendo l'autostrada, avranno altre condizioni economiche ancora.

Si stima che ottimizzandone l'uso, basterebbe il 30% dei veicoli oggi in circolazione, per svolgere tutte le attività che normalmente facciamo nella nostra vita quotidiana. Quindi possiamo pensare che ci saranno anche meno mezzi in assoluto sulle nostre strade, ma usati meglio. La criticità per i fornitori del servizio sarà avere una flotta abbastanza grande da gestire i picchi, come per esempio l'entrata in ufficio della mattina, una fiera, la partita di calcio o il super concerto, o eventi tipo il Salone del Mobile o la Fashion Week, giusto per pensare a quello che normalmente fa impazzire la mia Milano.

Inizialmente ci saranno operatori privati e singoli proprietari. Successivamente, alcune municipalità più grandi gestiranno il servizio come una flotta taxi a disposizione della città. Il costo di un utilizzo spot dovrà essere competitivo con i mezzi pubblici, che almeno per i servizi di superficie, spariranno. Niente autobus o taxi, se tutti i mezzi potranno di fatto svolgere questi compiti! Resteranno invece ovviamente le metropolitane ed i futuri servizi di taxi volanti, per gli spostamenti su distanze più lunghe e con necessità di maggiore velocità.

È molto probabile che a partire dalle aree più centrali della città e, progressivamente nel tempo e verso l'esterno, le auto a guida manuale verranno proibite. Con l'allargamento di tali aree riservate, presto o tardi circolare nelle cerchie più interne sarà riservato solo alle auto autonome. Non ci saranno quindi più auto parcheggiate in strada sotto casa. Provate ad immaginare le nostre vie nuovamente libere, pedonalizzabili e auspicabilmente alberate. Tra l'altro, trattandosi di veicoli elettrici, dobbiamo immaginare un contesto anche meno rumoroso e meno inquinato. Non male!

Negli USA, si stima che le aree di parcheggio cittadine oggi, ammontino ad oltre 500 milioni di posti in tutto il paese, una superficie pari a circa quella degli stati del Rhode Island e del Delaware messi insieme. Provando a replicare la stima sull'Italia, diciamo che esistono in media (dipende dalle città) tra 60.000 e 100.000 posti auto per 100.000 abitanti. Facciamo 80.000 che è la media, che sulla popolazione italiana equivale a circa 48 milioni di posti auto, tra parcheggi pubblici lungo strada, parcheggi privati, box, garage etc... Considerando una dimensione media di un parcheggio pari a 20 metri quadri (quindi inclusi gli spazi di manovra attorno, il parcheggio standard è 12,5 metri quadri), abbiamo circa 960 milioni di metri quadri destinati ai parcheggi. In km quadrati sono quindi 960, poco meno della superficie di Roma, per darvi un'idea, o circa cinque volte quella di Milano.

La quantità di spazio recuperabile e da destinare ad altro è notevole, se concentreremo i punti di parcheggio e ricariche in zone esterne dedicate. L'urbanistica verrà rivoluzionata.

I mezzi andranno alla velocità consentita dal codice della strada, salvo i mezzi di soccorso e di pubblica sicurezza. Non dovrete più preoccuparvi di trovare una multa sul parabrezza. E la quantità di incidenti sarà di molto ridotta rispetto ad oggi, con ovvi impatti sulle assicurazioni. Si stima che l'avvento delle auto autonome ridurrà gli incidenti del 99,7%. Nel 2022 in Italia abbiamo registrato 165.000 incidenti stradali, passare a circa 500 non sarebbe davvero cosa da poco. Ci risparmierebbe oltre 220.000 mila feriti e circa 4.000 decessi.

Anche talune immagini del passato diventerebbero solo un ricordo. I ragazzini su motorini rumorosi che impennano non esisteranno più. I ladri che scappano sgommando a tutta birra dopo una rapina in banca sarà roba da vecchi film. Ma non saranno solo loro a "perdere il posto". Autisti, tassisti, fattorini, vigili urbani che fanno le multe, casellanti e decine di altre professioni legate in senso lato alla mobilità spariranno. Parliamo potenzialmente di alcuni milioni di lavoratori, che dovranno essere riconvertiti: la auto autonome comunque andranno riparate, i loro software dovranno essere aggiornati, probabilmente si guasteranno comunque per strada e dovranno essere rimosse, l'infrastruttura di ricarica elettrica richiederà comunque personale di controllo umano, le strade andranno manutenute e così via.

Anche se queste visioni assomigliano ad una specie di "nirvana tecnologico", sappiamo per esperienza che quasi nessun game changer porta solo aspetti positivi e, qualcuno infatti dipinge questo futuro sotto forma di "distopia urbana": più mezzi in circolazione, che vanno più piano, obsolescenza dell'attuale infrastruttura, perdita di posti di lavoro e forse anche più inquinamento, visto che dovremo produrre molta elettricità per muovere questo esercito di mezzi.

Io non mi voglio esporre troppo, ma l'idea di uno scenario più positivo è la mia speranza per il futuro.

ESPLORAZIONE DEL MANTELLO TERRESTRE

Lo avrete sentito ripetere tante volte anche da me: abbiamo esplorato più lo spazio ed i pianeti che le profondità dei nostri oceani. Se poi addirittura vogliamo scendere ancora qualche chilometro sotto i fondali marini e raggiungere quello strato del nostro pianeta chiamato mantello, reggetevi forte, non ci siamo ancora mai arrivati!

Non fraintendetemi, il mantello lo conosciamo piuttosto bene, ma principalmente attraverso metodi indiretti. Uno dei metodi principali per studiarlo è attraverso l'analisi dei terremoti e delle onde sismiche che questi generano. Le onde sismiche attraversano diversi strati della Terra e cambiano velocità e direzione in base alla composizione dei materiali che attraversano. Studiando questi cambiamenti, gli scienziati possono fare ipotesi sulla composizione e sulla struttura del mantello.

L'International Ocean Discovery Program, un'organizzazione nata più di 50 anni fa, non ha ancora raggiunto il suo obiettivo principale, quello di raccogliere un campione dal confine tra la crosta e il mantello, noto come Moho o discontinuità Mohorovicic. Figuriamoci arrivare fin dentro al mantello vero e proprio. Ma ci stanno lavorando da decenni. Ovviamente non dovete pensare ad imprese alla Jules Verne con capsule perforatrici con all'interno esseri umani, qui stiamo parlando di trivelle e perforazioni.

Ne parlo ora, perché è una delle prossime sfide che l'umanità si appresta a vincere da qui al 2030. La ricerca sul misterioso "solido che scorre", che si troverebbe a quelle profondità, è così importante perché si ritiene che sia la forza motrice di fenomeni cruciali come i terremoti e il ciclo profondo del carbonio che influenza il clima.

Ma non solo. La Terra conserva, sotto forma di fossili, le "memorie" del passato, o registrazioni, dei cambiamenti climatici, dell'attività della vita e del processo graduale del movimento crostale e della tettonica delle placche. Vascelli come la Chikyu, la cui storia che vi racconterò fra poco, trivellano la Terra, raccogliendo campioni e dati, insegnandoci come l'energia proveniente dalle profondità della Terra influenzi l'estensione della vita nei fondali marini, le risorse presenti in profondità ed il cambiamento climatico globale.

E allora veniamo a questa stupenda nave giapponese che sta lavorando da decenni su questo obiettivo storico, che spesso viene definito il Santo Graal della geologia. Il contributo giapponese all'International Ocean Discovery Program si chiama Chikyū Hakken che, nella sua stupenda semplicità, significa "Scoperta della Terra".

La nave è stata costruita ad inizio millennio per la ricerca scientifica geologica in acque profonde, che oggi comprende non solo la ricerca di zone sismiche nella crosta terrestre, ma anche di bocche idrotermali e di idrati di metano sottomarini. Come forse sapete, alcune teorie sostengono che è proprio in questi luoghi che si sarebbe formata la vita per la prima volta sul pianeta. Studiare quei luoghi non significa banalmente raccogliere rocce, ma capire potenzialmente l'origine della vita. Ma questa è un'altra storia.

Con una lunghezza di 210 metri e una larghezza di 38 metri, Chikyu è alta come un edificio di 30 piani. È abbastanza grande da ospitare 200 persone, tra cui ricercatori, tecnici marini, trivellatori e l'equipaggio regolare. Oltre all'osservazione dei pozzi, i laboratori di ricerca di bordo all'avanguardia, conducono analisi microbiologiche e processi di campionamento.

Insomma, può fare un sacco di cose, anche se a guardarla bene, sembra un bizzarro bestione adagiato sulle acque, con questa altissima torre di trivellazione in metallo che si erge dal ponte che la fa sembrare un mostro dei cartoni animati in stile Goldrake o Jeeg Robot d'Acciaio.

Ma il suo vero segreto è il sistema di trivellazione, chiamato "riser drilling". Il sistema di perforazione riser è una tecnologia di perforazione, oggi standard del settore, applicata per la prima volta alla perforazione scientifica proprio da questo mezzo. Questa tecnica collega la nave al foro del fondale marino attraverso uno speciale tubo di risalita, creando un "circuito chiuso di perforazione". Il tubo di perforazione e lo speciale fango di perforazione passano tutti attraverso il tubo montante.

E attenzione, perché parliamo di tubi che devono scendere in profondità per chilometri: ai giapponesi piace dire almeno tre volte il monte Fuji, il simbolo del sol levante, una montagna di ben 3.776 metri. Mica noccioline!

Il sistema riser rende più sicuro ed efficiente il meccanismo e, più che altro, evita che un semplice foro scavato chilometri sotto il mare imploda su sé stesso a causa del peso dell'acqua e della terra sovrastanti. Cosa già avvenuta in passato, e causa di uno dei più storici fallimenti dei primi esperimenti della Chikyu stessa.

Ma la sua storia non finisce qui. Le vicende e le persone di successo, spesso ci piacciono ancora di più, quando scopriamo che prima di riuscire, ne hanno passate delle belle. Un po' come nelle favole. L'11 Marzo 2011 la Chikyu era ormeggiata a 300 metri a largo della costa di Hachinohe. L'11 Marzo però è anche il giorno del megasisma sottomarino di magnitudo 9.1, durato circa sei minuti, che ha innescato il maremoto che forse tutti ricorderanno per gli eventi alla centrale nucleare di Fukushima. Quel giorno l'onda dello tsunami si portò via anche la Chikyu, trascinandola come un fuscello, fino a schiantarsi contro un molo, provocando danni ingentissimi. I bambini delle scuole elementari locali che stavano visitando la nave al momento del terremoto trascorsero la notte a bordo e vennero salvati dagli elicotteri delle Forze di difesa giapponesi il giorno successivo. Nonostante tutto, la Chikyu aveva resistito a galla, per loro e per la scienza.

Ed ora mira, grazie a nuovi fondi, a raggiungere l'agognato record di raggiungere il mantello attorno al 2030, magari con l'aiuto del DSV Shinkai, il supercomputer Earth Simulator, gestito anch'esso dalla Japan Agency for Marine-Earth Science and Technology. Perché, quando hardware e algoritmi si fondono, possono nascere grandi scoperte scientifiche.

Cosa ci insegna questa storia? Primo, che la ricerca non porta necessariamente risultati immediati, ma insistere è cruciale. Costruita nel 2002, la Chikyu potrebbe raggiungere il suo obiettivo trent'anni dopo. La perseveranza è una dote.

Secondo, la Chikyu è un esempio di resilienza. Ai suoi fallimenti ed agli agenti esterni, che spesso ci mettono i bastoni fra le ruote, ma che altrettanto spesso possiamo superare.

Terzo, e un po' meno filosofico, il progetto giapponese è estremamente costoso, non ha sicuramente ancora prodotto alcun profitto, ma va avanti da oltre vent'anni. La sola nave è costata (al cambio odierno) quasi 400 milioni di euro, più vent'anni di operations. La ricerca scientifica è questo, non si misura con i suoi successi nel breve e nemmeno con i suoi costi o mancati profitti. Ma la sua ricaduta di sapere, conoscenze ed esperienza non ha prezzo. Un tema che andrebbe recepito con chiarezza, dai governanti di tutto il mondo.

INFRANGERE L'ONDA DI PLASTICA

Siamo nel 2040. È una caldissima giornata estiva e non c'è niente di meglio che un bel bagno in mare. Certo le temperature dell'acqua sono quasi tropicali, ma non è quello il vostro pensiero principale. Semmai è il fatto di nuotare nelle plastiche.

Una ricerca di The Pew Charitable Trusts and SYSTEMIQ ha rilevato che, se non si interviene per affrontare la prevista crescita della produzione e del consumo di plastica, la quantità che entra negli oceani ogni anno passerà da 11 milioni di tonnellate a 29 milioni di tonnellate nei prossimi 20 anni, equivalenti a quasi 50 chilogrammi di plastica per ogni metro di costa a livello mondiale. Se 50 è la media, in alcune zone più industrializzate o semplicemente più trascurate, le correnti porteranno volumi decisamente maggiori.

Se è improbabile che nuoterete proprio fra sacchetti e bottiglie di plastica interi, è comunque chiaro che la vostra pelle entrerà in contatto con plastiche e microplastiche potenzialmente dannose per l'organismo umano. Le famose località un tempo insignite delle prestigiose "bandiere blu", praticamente non esisteranno più; o meglio, esisteranno ancora i luoghi, ma non godranno di alcun premio per la qualità delle loro acque. Se vi troverete nelle Filippine, India, Malesia o Cina, i 4 paesi che più contribuiscono a questo flagello oggi, potreste veramente sentire lo schifo intorno a voi.

Si stima che circa l'80% dell'inquinamento da plastica nel mondo derivi da usi terrestri e circa il 20% da imbarcazioni marine. La plastica abbandonata proviene dai bidoni della spazzatura troppo pieni, dalle discariche e dai veicoli; gran parte di essa finisce nei fiumi e nei corsi d'acqua, che poi trasportano gli oggetti nell'oceano. Gran parte della plastica viene gettata anche sulle spiagge e sui litorali e finisce in acqua. Mentre, le navi oceaniche scaricano i rifiuti in acqua e le tempeste possono far perdere il carico alle navi, anche se questo è un caso statisticamente più raro.

Poiché la plastica rimane nell'oceano per centinaia di anni e potrebbe non biodegradarsi mai veramente, la quantità cumulativa di plastica nell'oceano entro il 2040 potrebbe raggiungere i 600 milioni di tonnellate, equivalenti in peso a più di 3 milioni di balene blu.

Qui però mi piacerebbe sfatare una delle "bufale" più citate in rete. La dichiarazione secondo cui ingeriamo ogni anno una quantità di microplastiche pari a una carta di credito è una formulazione comune utilizzata per illustrare la dimensione del problema dell'inquinamento da microplastiche. Questo tipo di affermazione è spesso usata in modo figurato per far comprendere alle persone l'entità dell'inquinamento da microplastiche e la loro presenza diffusa nell'ambiente.

Tuttavia, è importante notare che non esistono studi scientifici specifici che dimostrino in modo accurato e diretto che ogni persona ingerisce esattamente una quantità di microplastiche equivalente a una carta di credito ogni anno. Queste sono diffuse nell'ambiente marino, nei cibi e nelle bevande che consumiamo e persino nell'aria che respiriamo, ma se volete essere un minimo accurati sulle cose, per favore, facciamo sparire questa stupidaggine dai luoghi comuni.

La buona notizia, in compenso, è che la ricerca "Breaking the Plastic Wave" identifica otto misure che insieme potrebbero ridurre entro il 2040 circa l'80% dell'inquinamento da plastica che si riversa annualmente negli oceani, utilizzando le tecnologie e le soluzioni oggi disponibili.

Tra queste, la riduzione della crescita della produzione e del consumo di plastica, la sostituzione di alcune materie plastiche con alternative come la carta e i materiali compostabili, la progettazione di prodotti e imballaggi da riciclare, l'aumento dei tassi di raccolta dei rifiuti nei Paesi a medio e basso reddito, l'incremento del riciclo e la riduzione delle esportazioni di rifiuti di plastica. Oltre a migliorare la salute degli oceani, l'adozione dei cambiamenti delineati nel rapporto potrebbe generare un risparmio di 70 miliardi di dollari per i governi entro il 2040, rispetto allo status quo, ridurre del 25% le emissioni annuali di gas serra legate alla plastica e creare 700.000 posti di lavoro.

Insomma, combattere la plastica apparentemente conviene, peccato che per farlo serve coordinare tante iniziative di tanti paesi. Ognuno con i suoi interessi, lobby, politiche e lentezze. Senza un governo mondiale è quali impossibile che tutti si muovano insieme. E un governo mondiale non esiste. Per ora abbiamo ovviato con un Global Plastic Treaty cui aderiscono ben 200 paesi... e sapete qual è la cosa più bella? Hanno aderito, ma un obiettivo misurabile non è mai stato assegnato. Per gli scienziati è semplice, almeno nessuna nuova immissione di plastica in mare dal 2040, mentre per la politica si va avanti a discutere.

Intanto la tecnologia fornisce alcuni contributi e spunti interessanti. Eccone alcuni che mi hanno colpito.

Il Clean Sea Robot. Questo drone acquatico, autonomo ed elettrico, "spazza" i rifiuti di plastica dalla superficie dell'oceano con l'aiuto della visione computerizzata e del telerilevamento. I rifiuti raccolti vengono immagazzinati a bordo e, quando il dispositivo è pieno, torna a una stazione di attracco dedicata per essere svuotato e ricaricate le batterie per la missione successiva. L'azienda che lo realizza sta anche sviluppando un modello in grado di funzionare sotto la superficie per una pulizia più approfondita degli oceani.

Plastic Bank ha creato un nuovo sistema di "scambio" della plastica, simile a qualsiasi altro cambio di valuta, in cui la plastica raccolta viene scambiata con valuta o altri beni di valore. I raccoglitori portano la plastica in un sito di raccolta, una filiale di Plastic Bank, dove sono registrati stati come membri e la plastica viene smistata, pesata e valorizzata. La plastica raccolta viene riciclata e trasformata in una nuova materia prima, chiamata plastica sociale, che può essere acquistata dai produttori per produrre prodotti più ecologici e socialmente etici.

La Great Bubble Barrier intercetta i rifiuti con l'aiuto di un tubo, dotato di fori, che viene posato sul letto dei fiumi. Quando il tubo viene riempito d'aria, rilascia un denso flusso di bolle che, per la plastica, crea un muro quasi invalicabile attraverso il fiume. I rifiuti vengono poi deviati verso la riva, dove vengono raccolti e riciclati. Usata in Olanda, su un primo fiume di test, il filtro a bolle ha bloccato l'86% dei rifiuti e inoltre, ha aumentato i livelli di ossigeno, favorendo la vita acquatica. Ora è stata installata una barriera a bolle permanente in uno dei canali di Amsterdam.

E infine non potevo non citare il progetto Ellipsis Earth che raccoglie le immagini globali prodotte da droni, satelliti, sottomarini e persino telecamere a circuito chiuso e le integra con le immagini dei propri droni. Il risultato è un vasto archivio visivo che può essere consultato per identificare i rifiuti di plastica in tutto il pianeta. I software sviluppati, sono ora in grado di identificare la plastica con un'accuratezza del 93% e stanno utilizzando le loro scoperte per creare una mappa termica mondiale dell'inquinamento globale, informazioni che poi vengono condivise con governi, ONG e istituzioni educative per incoraggiare l'azione sui rifiuti di plastica.

Come vedete, quattro esempi diversissimi tra loro. Cosa ci insegnano? Primo, che il problema è molto più vasto di quello che sembra. Se da un lato abbiamo paesi virtuosi come Svezia, Norvegia, Germania, Olanda, Canada e Giappone, dall'altro alcune economie in forte sviluppo e con risorse o infrastrutture carenti per affrontare il problema, rappresentano una zavorra insopportabile.

Secondo che la tecnologia può aiutare. Non esiste una soluzione "migliore" o univoca, però la combinazione di barriere galleggianti, droni e satelliti, imbarcazioni per la raccolta, enzimi e batteri che decompongono la plastica, oltre alla banale, ma non per questo meno importante raccolta manuale, possono tutte concorrere a mitigare il problema.

Terzo, che la collaborazione fra entità diverse, pubbliche, private, produttori di hardware e di software, municipalità, imprenditori visionari e molti altri possono indirizzare verso la giusta soluzione locale. Le decisioni politiche sono alla base di tutto. Giusto per sfatare qualche mito sulla presunta inefficienza delle economie emergenti, basta ricordare che il Kenya, dal 2017, l'uso, la produzione e l'importazione di sacchetti di plastica sono vietati nel paese. Il Bangladesh non è da meno: ha bandito i sacchetti di plastica leggeri sin dal 2002 dopo che questi avevano contribuito alle inondazioni durante la stagione delle piogge, bloccando i sistemi di drenaggio. Più tardi si sono adeguate anche Marocco e Rwanda. Giusto per ricordare, che con un po' di coraggio, il problema potrebbe essere contenuto.

STAMPA BIO PRINT E CHIRURGIA INCREDIBILE

La stampa bioprint non è un concetto recente, ma oggi vi parlo di evoluzioni di questa tecnologia, che sta superando i limiti di quello che ritenevamo possibile. Udite, udite.

Partiamo dalle cose semplici, cos'è la bio-stampa o bioprint? La bioprint è una tecnologia in cui inchiostri e biomateriali, mescolati con cellule, vengono stampati in 3D, spesso per costruire modelli di tessuti viventi. Il processo di bioprinting 3D segue quello della fabbricazione additiva, in cui un file digitale funge da modello per stampare un oggetto strato per strato, per esempio un organo.

Quando sentite parlare di medicina personalizzata, questo sarà uno dei pilastri, insieme alle medicine realizzate su misura per il singolo individuo. Se già detta così fa un certo effetto, ora immaginate un futuro in cui le procedure chirurgiche diventano ancora più sicure, i tempi di recupero si riducono e le scoperte mediche sono comuni come una giornata di sole.

Fantasie utopistiche di un futurista? Per nulla. Il nostro protagonista oggi è un minuscolo robot, che potrebbe stare tranquillamente nel palmo della vostra mano, che naviga negli intricati percorsi del vostro corpo come un abile esploratore. Armato di un sofisticato sistema di stampa 3D, questo piccolo prodigio sta rivoluzionando il nostro modo di guarire diversi tipi di danni del nostro organismo.

Scienziati australiani hanno sviluppato un piccolo robot flessibile che potrebbe stampare in 3D biomateriali direttamente all'interno del corpo umano per riparare organi, tessuti e vasi sanguigni danneggiati. Scusate, forse merita dirlo di nuovo "stampare biomateriali direttamente dentro il vostro corpo".

Quindi, se avete un organo o un tessuto danneggiato che richiede una guarigione, il prototipo di robot entra in azione. Invece di interventi chirurgici invasivi, si muove delicatamente all'interno del corpo, raggiungendo l'area interessata con una precisione senza pari.

La chirurgia, del resto, ha sempre regalato benefici, ma al prezzo di non poche fatiche in termini di guarigione successiva. Se da un lato ha salvato innumerevoli vite e ripristinato la salute di molti, dall'altro comporta dei rischi che lasciano i pazienti e i loro cari con il fiato sospeso. Ma non è solo un tema di "incisioni", è anche un tema di velocità di recupero, che con questa tecnologia può aumentare considerevolmente.

Potrebbe essere un vero game changer, poiché l'attuale processo di creazione di biomateriali all'esterno del corpo e di successivo inserimento chirurgico può comportare, tra gli altri, un'elevata perdita di sangue ed il rischio di infezioni. Tutti problemi che verrebbero molto mitigati.

Ma come funziona questa novità? La situazione è questa: avete un organo o un tessuto danneggiato che deve essere guarito. Normalmente, l'intervento chirurgico richiede il taglio, la rimozione o il trapianto. Ma ora, grazie alla potenza della stampa 3D, questo robot può creare biomateriali su misura, perfettamente adattati alle vostre esigenze. E lo fa stampandoli e depositandoli nelle aree desiderate direttamente dall'interno del nostro organismo, sia in forme pre-programmate, sia ad-hoc, sul momento, visto che la stampa può essere addirittura guidata manualmente in remoto dall'esterno.

È una sorta di esperto di riparazione personale, che crea impalcature, impianti e persino tessuti sostitutivi con la massima precisione. Largo solo 11-13 mm e realizzato in materiali morbidi come l'elastomero di silicone, il robot è abbastanza piccolo da poter essere inserito nella bocca o usato come uno strumento endoscopico, riducendo così la necessità di interventi chirurgici invasivi. I biomateriali iniettati dal robot nel punto giusto agiscono come strutture di supporto, guidando il naturale processo di guarigione del corpo e promuovendo un recupero perfetto. Si tratta di inchiostri biologici, cioè, contenenti cellule vive che finora hanno funzionato molto bene nel riparare cuori, fegati ed altri organi.

Gli ingegneri biomedici che hanno ideato la tecnica affermano che la maggior parte delle cellule è rimasta in vita dopo la stampa e ha continuato a crescere nella settimana successiva. A sette giorni dalla stampa è stato osservato un numero di cellule quattro volte superiore. Un successo non trascurabile, rispetto alle performance dei metodi tradizionali.

E per non farci mancare nulla, il minuscolo robot può anche fungere da strumento endoscopico all-in-one, in quanto il suo ugello di stampa può essere modificato per fungere da bisturi e getto d'acqua. Per esempio, i medici potrebbero usare il bisturi per rimuovere tumori cancerosi e poi usare il getto d'acqua per pulire la lesione prima di stampare direttamente sulla ferita per accelerare il processo di guarigione. Ricordo, non sto parlando di qualcosa di teorico che potrebbe esistere in futuro, sto parlando di un robot già realizzato e che arriva dall'Australia.

Come sempre, però, ci troviamo in una fase dove serve ancora completare una certa quantità di trials clinici prima di poter passare alla vera e propria commercializzazione e quindi utilizzo su vasta scala. Ma, in ogni caso, la miglior stima oggi parla di cinque anni. Un tempo tutto sommato breve, visto che parliamo di innovazione medica che, spesso, richiede tempi ancora più lunghi.

Questa innovazione non riguarda solo la precisione chirurgica, ma anche la democratizzazione dei progressi medici. Immaginate come potrebbe trasformare la vita di milioni di persone che non hanno accesso a interventi chirurgici complessi. È come fare un passo da gigante verso un futuro in cui l'assistenza sanitaria all'avanguardia diventi più accessibile a tutti. Certo, serviranno esperti per usare questa robotica, ma sicuramente operazioni di questo tipo saranno complessivamente meno costose di quelle chirurgiche tradizionali. Anche e proprio grazie al fatto che i tempi di recupero saranno più brevi e quindi anche le necessità di ospedalizzazioni diminuiranno.

Secondo fonti di AdnKronos in Italia, pre-pandemia, venivano realizzate oltre 4 milioni di operazioni chirurgiche annue. Un numero gigantesco, se ci pensate bene. Non sappiamo quante e quali potrebbero essere svolte dal robot australiano, ma intanto, sembra un passo nella giusta direzione.

Quali riflessioni possiamo fare attorno a questa storia? La prima mi sembra fin ovvia. La miniaturizzazione era e resta una delle sfide più interessanti in campo tecnologico. Senza arrivare alle nanotecnologie da film che entrano nei nostri corpi come dei minuscoli ragnetti e lo riparano, lavorare da dentro e non da fuori il corpo umano, rappresenta un vantaggio sostanziale. Qualcuno sostiene che questi micro-robot potrebbero essere fatti di materiali biodegradabili: pensate se si dissolvessero direttamente nell'organismo dopo aver svolto il loro compito. Per ora è ancora un orizzonte lontano, ma decisamente affascinante.

Secondo, ogni volta che una nuova tecnologia medica si affaccia sul mercato, promette importanti spazi di democratizzazione. Di medicina per tutti. Per chi è più povero, per chi si trova in zone remote, per chi non ha accesso ai migliori medici e così via. È una teoria affascinante, ma poco realistica. Un famoso Manager ha detto recentemente "la medicina è un miracolo, ma solo se ve la potete permettere". Purtroppo, questo è ancora vero in moltissimi luoghi del mondo.

Terzo, oltre ai benefici per il singolo ci sono quelli per il sistema sanitario, che sono potenzialmente ancora più grandi. Molte innovazioni in questo campo mi sembrano un tentativo di ridurre la quantità, il tempo speso ed il costo dei pazienti ospedalizzati. Sistemi sanitari al collasso hanno bisogno di meno persone da curare, più in fretta ed a minor costo. Se volessi essere provocatorio, direi che tecnologie come quella descritta, possono andare sicuramente a beneficio del paziente, ma più che altro del sistema sanitario. Sarà un win-win solo se i costi rimarranno bassi, ma perché dovrebbero esserlo se a guidare è l'operatore privato mosso dal profitto? Faccio innovazione, funziona meglio, ma la paghi di meno? È un binomio che, per ora, non si vede spesso.

URBAN DELIVERIES AUTONOME

Avete presente il piccolo veicolo autonomo di Starship? Il robottino elettrico a sei ruote che promette di cambiare per sempre il mondo della delivery urbana?

In questo capitolo andiamo a vedere come è fatto e quale futuro ci attende in merito alle consegne urbane dette "dell'ultimo miglio".

Se siete appassionati di tecnologia, probabilmente avrete già visto qualche foto di questo famoso piccolo mezzo autonomo, di colore bianco, spesso con una bandierina arancione issata sul tettuccio, lungo circa 70 cm a largo ed alto più o meno 56 / 57 cm. Un parallelepipedo con 6 ruote, che oltre al design e gli spigoli volutamente morbidi (per evitare danni a persone e cose in caso di contatto), può muoversi ad oltre 6 kmh e trasportare pesi per circa 10 kg ed un volume di un paio di sacchetti della spesa; in aggiunta ai 35 kg del suo peso a vuoto.

Con performance di tutto rispetto: anche se generalmente non consegna mai oltre i 3 o 4 km dal negozio o dal punto di carico di partenza, le sue batterie gli consentirebbero di viaggiare per oltre 12 ore senza ricarica.

È dotato di 12 telecamere, 8 sensori ad ultrasuoni e di un radar. Utilizza algoritmi basati su reti neurali per muoversi evitando i potenziali ostacoli, servendosi di computer vision, GPS e sistemi di mappe proprietari. Ovviamente può superare piccoli ostacoli e gestire serenamente le pendenze di un normale ambiente urbano.

Può operare in qualsiasi condizione atmosferica e pur essendo autonomo, un operatore umano è sempre pronto ad intervenire in caso di emergenza, potendo prendere il controllo da remoto.

Un gioiellino tecnologico che ha consentito a Starship di superare la soglia simbolica, ma notevole, dei 5 milioni di consegne completate. L'azienda che lo produce è stata intelligente: inizialmente si è concentrata sui campus universitari, che sono luoghi con un perimetro ben preciso, mappabili, in buona parte trafficati solo da pedoni, biciclette e monopattini e poche macchine. 20 campus in 15 stati, con presenza negli USA, UK, Germania, Danimarca ed Estonia. Non è poco, io ho avuto la fortuna di visitare il campus della UCLA a Los Angeles, vi assicuro che un campus americano è praticamente una città. Le dimensioni sono fuori dalla nostra concezione di europei, spesso "costretti" in spazi decisamente più contenuti.

Va detto anche, che il marketing di Starship non è stato da meno. Mi ha fatto un po' sorridere la ricerca che sosteneva che gli studenti adoravano farsi fare le consegne dal robottino, così potevano studiare di più, senza perdere tempo ad andare ad acquistare il loro junk food al bar, in caffetteria o all'esterno... ma tant'è.

Ovviamente la sfida, per il futuro, è uscire da questi luoghi ben delimitati ed avventurarsi con uguale successo nelle città, che sono ambienti decisamente più complessi, destrutturati ed a volte, anche piuttosto caotici. Se penso banalmente ad una consegna che il robottino potrebbe fare dalla farmacia vicino a casa mia, circa 100 metri, al mio portone, non è un tragitto banale. Sull'angolo sono parcheggiati sempre i motorini, lungo il marciapiede a volte bici elettriche e monopattini, ci sono due passi carrai con le macchine spesso ferme in attesa, i dissuasori per evitare che la gente parcheggi sul marciapiede, un paio di negozi di cui uno con spazi angusti ha sempre la fila fuori, alcuni saliscendi, lampioni, le fioriere di un ristorante... e così via.

E questo per consegnare fuori dal mio portone. Oggi è completamente fuori luogo immaginare che possa aprire il cancello, addentrarsi nell'edificio, salire o scendere scale, prendere un ascensore ed arrivare realmente davanti alla mia porta. Questo è teoricamente possibile se tutte le componenti tecnologiche dialogano tra loro, non nel nostro mondo ancora prevalentemente analogico! Quindi in termini di servizio, per noi utenti c'è spazio per grandi migliorie, tutte da scoprire.

Quindi perché dobbiamo pensare che questo tipo di consegne si diffonderà in città? Tutto sommato per quello che ordiniamo a casa da ristoranti, supermercati e farmacie, abbiamo già una pletora di servizi.

In una tipica grande città italiana basta pensare a Glovoo, Deliveroo, Just Eat, Uber e vari altri con i loro eserciti di rider.

Ma proprio questo è il problema. Il costo della manodopera umana rappresenta il 50-60% del costo della consegna. Mentre il carburante appena un importo compreso tra il 10% ed il 25%, a seconda del mezzo usato. Anche lasciando intatto il costo del carburante, sostituito semplicemente da quello di una ricarica elettrica, robot come Starship non hanno bisogno di intervento umano. E quindi una consegna costerebbe la metà.

La lista dei benefici che ci raccontano è lunga. Costo del carburante più basso, consumi più efficienti, riduzione dei tempi di viaggio, miglioramento della produttività, maggiore sicurezza (in termini di riduzione degli incidenti e dei decessi), minori problemi di manutenzione, minori costi di gestione, riduzione delle emissioni e dell'inquinamento e così via. Tutto molto bello, ma il motivo principale del loro utilizzo è che costano meno. Semplice.

Se non sono ancora diffusi nei nostri ambienti urbani, i motivi sono diversi: tecnologia, regolamentazione, accettazione sociale e privacy.

Innanzitutto, la navigazione. Ora, questi robot sono piuttosto bravi ad andare dal punto A al punto B, ma ammettiamolo, i nostri marciapiedi e le nostre strade possono essere imprevedibili. Nel corso del prossimo decennio, dovremo assistere a seri progressi nei sistemi di navigazione. Questi robot dovranno gestire situazioni difficili, come evitare i pedoni, gestire le zone di costruzione e persino il maltempo. Forse avrete visto recentemente quel post, dove due robot si sono incontrati e bloccati in uno spazio angusto, perché nessuno dei due lasciava la strada libera all'altro. Un caso paradossale, e che forse ci ha fatto un po' ridere, ma tremendamente reale.

Un'altra richiesta futura è l'adattabilità. Certo, questi robot sono ottimi per consegnare la spesa, ma che dire di altri compiti? Immaginate: il vostro robot non solo consegna la spesa, ma ritira anche i panni sporchi, va a prendere le medicine, magari consegna qualcosa che voi volete spedire ad altri o aiuta persino a fare i lavori in giardino. Questo livello di multitasking renderebbe questi robot davvero preziosi. Per ora, essere mono-scopo, e non riuscire a farlo nemmeno alla perfezione, è chiaramente un ostacolo alla loro diffusione.

E infine un punto importante: l'interazione con il cliente. Per ora, questi robot sono praticamente "drop-and-go". Ma immaginate se potessero suonare il campanello, comunicare con voi e magari anche fare qualche battuta. L'interazione umana, anche con i robot, può rendere l'intera esperienza più personalizzata e piacevole.

E poi ci sono gli aspetti legali. Se i benefici della consegna autonoma non sono in dubbio, il quadro normativo che ne regolamenta le operazioni è ancora agli albori e in fase di elaborazione. Una normativa che imponga l'utilizzo di auto autonome su strade pubbliche, con decine di esseri umani, richiederà indubbiamente del tempo. In compenso, i robot sui marciapiedi o gli androidi a bassa velocità che viaggiano all'interno di confini delimitati, vedranno probabilmente una regolamentazione più rapida rispetto ai veicoli senza pilota che viaggiano a velocità più elevate in strada. Un robottino che fa le consegne non è un'auto autonoma, non porta passeggeri a bordo e tecnicamente può fare meno danni. Ma questo non vuol dire che serve poco tempo per regolamentare il loro utilizzo.

Cosa ci insegna questa storia sul potenziale dei veicoli autonomi per le consegne dell'ultimo miglio? Primo, la tecnologia si sta evolvendo, deve ancora superare ostacoli notevoli, in particolare operare con successo in ambienti destrutturati, ma la direzione sembra tracciata. Per motivi di opportunità di riduzione dei costi da parte degli operatori della logistica, più che per nuovi e maggiori benefici per gli utilizzatori finali.

Secondo, i tempi non sono ancora brevi. Li vedremo svilupparsi ancora lungo percorsi fissi e luoghi geo-recintati: aeroporti, aree ospedaliere, campus, cantieri. Rappresentano opportunità quantitativamente notevoli, ma le nostre città "medioevali", rappresentano ancora un ostacolo complesso.

Terzo, l'accettazione sociale è ancora da dimostrare. Se è vero che dal punto di vista ambientale e dei consumi mostrano degli evidenti punti di forza, il fatto che sostituiranno persone fisiche, facendo perdere loro il lavoro non è banale. Certo oggi il consumatore ha dimostrato che pur di spendere qualcosa in meno, generalmente accoglie di buon grado un nuovo servizio. Ma la mia domanda è: i risparmi sul costo del personale verranno "girati" ai consumatori in termini di minori costi di trasporto o verranno trattenuti come maggior profitti dagli operatori di logistica? Una domanda che richiederà una risposta certa ed inequivocabile.

ABBIGLIAMENTO INTELLIGENTE E SORVEGLIANZA

In un mondo sempre più connesso con la tecnologia, la convergenza tra moda e sorveglianza può sembrare un'accoppiata improbabile. Tuttavia, alcuni recenti sviluppi suggeriscono il contrario. Il governo degli Stati Uniti ha investito 22 milioni di dollari in abiti intelligenti per la sorveglianza, noti come SMART ePANTS, destinati a rivoluzionare le operazioni delle agenzie di intelligence, antiterrorismo e sicurezza nazionale. Al di là delle loro applicazioni immediate, il futuro degli indumenti intelligenti e della sorveglianza è molto promettente, anche se solleva questioni sulla privacy, l'etica e l'innovazione. Cerchiamo di scoprirne di più.

Il progetto SMART ePANTS rappresenta un'iniziativa finanziata dall'Intelligence Advanced Research Projects Activity (IARPA) per creare tessuti intelligenti. La IARPA è un'agenzia nota per il suo impegno nei programmi di ricerca ad alto rischio e ad alto rendimento, non necessariamente militari, come la più famosa DARPA. Questi indumenti sono progettati per integrare perfettamente la tecnologia e fornire informazioni in tempo reale, garantendo al contempo il comfort e la mobilità di chi li indossa.

Ma come funzionano in concreto questi indumenti? Vedranno integrati nei tessuti dispositivi audio e video, sensori di geolocalizzazione e molti altri sensori, anche a contatto con il corpo umano. In più dovranno avere la comodità, piegabilità e lavabilità dei normali tessuti. Inserendo questi dispositivi direttamente negli indumenti, il personale dell'Intelligence Community sarà in grado di registrare informazioni dall'ambiente circostante a mani libere, senza dover maneggiare altri dispositivi che possono risultare scomodi, ingombranti e rigidi. Di conseguenza, il personale avrà una maggiore libertà di movimento, migliorando così i tempi di risposta in circostanze difficili.

Roba da 007? Non esattamente. Una fusione di tessuto ed elettronica, ha implicazioni di vasta portata. Certo, ne potrebbero essere dotati gli agenti della CIA o dell'FBI, ma più in generale sono destinati ad aiutare i primi soccorritori in ambienti pericolosi e ad alto stress, pensate ai pompieri o la protezione civile, piuttosto che a rilevare dati dalle scene del crimine, senza perdersi nemmeno un dettaglio. Oppure potrebbero sostituire le tradizionali telecamere di cui sono dotati gli agenti di polizia.

In sostanza, l'ambizione è quella di creare una tecnologia indossabile che si integri perfettamente nell'abbigliamento. L'obiettivo finale è che questi tessuti intelligenti diventino discreti come gli indumenti stessi, inaugurando una nuova era in cui questa tecnologia diventa parte integrante della nostra vita quotidiana. Per comprendere il futuro dell'abbigliamento intelligente, è essenziale distinguere tra due categorie: i tessuti intelligenti attivi e passivi.

I tessuti intelligenti passivi già offrono funzionalità che vanno oltre l'abbigliamento convenzionale. Ma lo fanno in maniera "statica", in funzione delle loro caratteristiche di fabbricazione. Per esempio, parliamo di tessuti che proteggono dai raggi UV, evitando a chi li indossa radiazioni solari nocive, oppure materiali che assorbono l'umidità e mantengono l'utilizzatore asciutto e comodo durante le attività fisiche.

A differenza dei tessuti intelligenti passivi (PST), come il Gore-Tex®, che si basano sulla loro struttura per funzionare, gli AST, al contrario, utilizzano l'energia per alimentare sensori e attuatori integrati che rilevano, memorizzano, interpretano e reagiscono alle informazioni provenienti dall'ambiente.

Gli Active smart textiles (AST) sono indumenti che rispondono e si adattano ai cambiamenti dell'ambiente esterno o agli input dell'utente. Questi tessuti incorporano tipicamente sensori e fili, collegandoli a software e applicazioni che migliorano l'esperienza di chi li indossa. Ad esempio, gli indumenti AST potrebbero regolare il loro isolamento in risposta alle condizioni atmosferiche o monitorare i segni vitali per scopi sanitari. Una cosa che un tessuto anche intelligente, ma passivo, non può fare.

I recenti progressi nel campo dei tessuti intelligenti esemplificano il potenziale di questo settore in espansione. Nel 2022, i ricercatori del Massachusetts Institute of Technology (MIT) hanno sviluppato uno straordinario tessuto AST. Questo tessuto aderente è in grado di rilevare la postura e i movimenti di chi lo indossa, rendendolo prezioso per applicazioni come la fisioterapia. Può anche essere integrato in scarpe intelligenti per tracciare l'andatura di persone che imparano a camminare di nuovo dopo un infortunio. Non è solo un tema di sensori quindi, ma anche di software che danno un senso immediato ai dati raccolti.

Potrebbero avere un ruolo nel rivoluzionare l'assistenza sanitaria e la riabilitazione. Immagina un futuro in cui il tuo abbigliamento non solo offre comfort e stile, ma contribuisce attivamente al tuo benessere e al tuo recupero. Pensate ad una persona che ha un qualche tipo di malattia che deve essere monitorata continuamente, per intervenire subito in caso di problemi. Immagino tutto quello che può essere collegato alla rilevazione della pressione sanguigna, del livello di zuccheri, del funzionamento del cuore... non una cosa da poco. Certo, potremmo pensare che basterebbe un orologio per fare queste cose, ed è già abbastanza vero, ma le potenzialità di un tessuto che sta a contatto con molte parti del corpo, mi sembra più intrigante di una cosa che portiamo solo al polso.

Mentre navighiamo nell'entusiasmante panorama dell'abbigliamento intelligente e della sorveglianza, è indispensabile, però, affrontare anche le questioni etiche e di privacy. L'integrazione della tecnologia nel nostro abbigliamento solleva questioni relative alla sicurezza dei dati, al consenso e alla sorveglianza.

Se da un lato gli SMART ePANTS offrono vantaggi significativi alle agenzie di intelligence e sicurezza, dall'altro mettono in luce il delicato equilibrio tra la salvaguardia degli interessi nazionali e il rispetto della privacy individuale. Trovare questo equilibrio sarà una sfida continua che richiederà quadri etici solidi e politiche trasparenti. Perché, fino a che le entità governative o militari vogliono sapere dove si trova un loro agente, quali sono i suoi parametri vitali ed in quale contesto sta operando, mi sembra tutto normale.

Ma l'adozione di massa degli indumenti intelligenti potrebbe portare a un aumento delle capacità di sorveglianza verso le persone comuni, da parte dei governi, ed anche da parte di enti privati. La raccolta di dati comportamentali in tempo reale solleverà preoccupazioni circa il potenziale di abuso e di utilizzo improprio di queste informazioni. Senza contare il rischio di hackeraggio. Se l'abbigliamento è connesso, e monitora un cardiopatico... provate a immaginare cosa succederebbe se lanciasse un falso allarme sulla sua salute. O, addirittura non prendesse di mira un individuo, ma la massa degli utilizzatori con quel problema. Un evento del genere rischierebbe di paralizzare una città, bloccare i treni o far atterrare in emergenza gli aerei!

In conclusione, la convergenza tra moda e tecnologia offre possibilità illimitate. Ma come sempre, da una grande innovazione derivano grandi responsabilità.

NOVITA' NELL'ESPLORAZIONE DEL CERVELLO, IMPRONTE CEREBRALI

Tutti noi, come sapete, disponiamo di impronte digitali che consentono di individuarci con certezza. Gli scienziati, da almeno un decennio, stanno studiando se lo stesso meccanismo di identificazione univoca, possa funzionare anche sulla base dei nostri segnali cerebrali.

In un primo studio, intitolato "Brainprint" e pubblicato nel 2015 su Neurocomputing, un team di ricerca è stato in grado di identificare una persona su un gruppo di 32 in base alle sue risposte, con un'accuratezza del 97%. Per "risposte" si intendevano le reazioni del nostro cervello, quando venivano presentate talune parole agli individui che si erano prestati per l'esperimento.

Solo un anno dopo, un gruppo di ricercatori dell'Università di Binghamton, ha registrato l'attività cerebrale di 50 persone che indossavano una cuffia per elettroencefalogramma mentre guardavano una serie di 500 immagini progettate appositamente per suscitare risposte uniche da persona a persona. Ad esempio, una fetta di pizza, una barca, Anne Hathaway, la parola "enigma". Hanno scoperto che il cervello dei partecipanti reagiva in modo diverso a ogni immagine, tanto che un sistema informatico è stato in grado di identificare l'"impronta cerebrale" di ogni volontario con un'accuratezza del 100%.

Nel 2018, i ricercatori della Carnegie Mellon University hanno dimostrato che i connettomi, cioè le mappe delle connessioni neurali del cervello, possono essere utilizzati per identificare gli individui, misurando i connettomi di 699 cervelli provenienti da cinque diverse serie di dati. Ulteriori analisi hanno dimostrato che i connettomi agiscono come impronte digitali uniche e che possono essere utilizzati per identificare una persona con un tasso di accuratezza vicino al 100%.

Fast forward al 2022, ed un nuovo team ha condotto uno studio importantissimo, usando l'encefalogramma su un gruppo di 10 coppie di gemelli monozigoti per diverse settimane e variando i compiti loro richiesti. Utilizzando algoritmi di deep learning hanno scoperto che esiste una sorta di "segnale di base" che è specifico del singolo individuo e non cambia nel tempo. Quello che fino ad ora era stato ipotizzato con certezza crescente, ora sembra essere diventato certo.

Le firme cerebrali sono quindi uniche per ciascun individuo, ma ci sono molte sfide associate al tentativo di identificare specificamente una persona attraverso segnali cerebrali. La variabilità naturale nei modelli cerebrali, le fluttuazioni nel tempo e la necessità di un'attenta calibrazione e interpretazione delle letture, rendono questa impresa ancora difficile. E sicuramente non mainstream.

Attualmente, molte applicazioni di lettura delle onde cerebrali si concentrano su scopi come il neurofeedback, il monitoraggio dello stato mentale, la diagnosi di condizioni mediche o la guida di dispositivi basati su cervello.

Come spesso accade, del resto, questi studi sono nati per motivi medici e la sicurezza fisica e digitale sono corollari successivi, anche se potenzialmente interessanti. I ricercatori stanno lavorando con l'imaging neurologico ed il machine learning per mostrare i cambiamenti del cervello nel tempo a causa di malattie, influenze ambientali e tratti ereditari. L'impronta cerebrale di una persona potrebbe un giorno aiutare a spiegare i fattori scatenanti dei disturbi dello spettro autistico o del disturbo da deficit di attenzione.

Ma giustamente viene da chiedersi se potrà diventare uno strumento per la nostra sicurezza. Purtroppo, faccio mea culpa, perché non ho tracciato la fonte dove ho letto la notizia, ma secondo questa previsione, nel 2045 l'uso delle impronte cerebrali dovrebbe superare quello delle impronte digitali. Non ne sono particolarmente convinto.

La raccolta delle digitali è relativamente semplice, per anni lo abbiamo fatto con un semplice inchiostro ed una scheda di carta. L'uso di elmetti, smart-glasses o device similari per la raccolta delle impronte cerebrali, non sembra prestarsi ad un uso di massa. Però esistono anche scenari più foschi. Basterebbe raccogliere le impronte di un neonato alla nascita e tutto il mondo sarebbe tracciato. Sempre ammesso che tali segnali di base non cambino sostanzialmente nel tempo o a causa di malattie, shock o altri fenomeni neurologici.

È quindi più probabile che lo strumento venga adottato per accedere a luoghi particolarmente riservati e sensibili. Insomma, immagino questo strumento per entrare al Pentagono o in un palazzo governativo, non certo per sbloccare uno smartphone. Sempre che nel 2045 i cellulari esistano ancora e non si comunichi direttamente per via telepatica.

Però è anche vero che tra un banale smartphone ed un luogo segreto e super-riservato, c'è qualcosa di mezzo. La casa e la macchina, per esempio. Se il riconoscimento delle impronte cerebrali funzionasse a breve distanza, come il bluetooth per intendersi, gli utilizzi sarebbero molto più interessanti. La nostra casa potrebbe aprirci le porte quando arriviamo e lo stesso potrebbe fare la macchina. L'uso a distanza è qualcosa che password, impronte digitali, retina e riconoscimento facciale (entro certi limiti) non possono fare.

Ovviamente la gestione della privacy sarebbe un punto critico. Perché vi chiederete? Tutto sommato l'impronta cerebrale è semplicemente una chiave di accesso, in cosa dovrebbe essere più critico conservare questa informazione rispetto alle altre. Perché dovremmo dubitare di Mercedes, Stellantis o dei sistemi di smart housing di Amazon o altri?

Chiariamoci, il problema è quali assunzioni possiamo fare con le informazioni, non il fatto di averle. Una mera password dice molto poco di noi. Le impronte digitali lo stesso. Già una scansione della retina potrebbe fornire informazioni sulla salute non banali. Esistono ampi studi che correlano la mappa dell'occhio con potenziali malattie: cosa succederebbe se il Generale che ha accesso ai codici segreti di una base avesse il cancro, problemi neurologici o il diabete? Se un buon oculista può trovare le tracce di questi problemi nell'occhio, figurati un software. Ne ho parlato poco tempo fa, presentandovi una start-up americana, Toku, che promette di fare proprio questo. Discorso abbastanza analogo se parliamo di riconoscimento facciale. Peggio ancora se ci volessimo spingere ad un sistema biometrico di riconoscimento delle impronte del battito cardiaco.

Il cervello è l'ultimo baluardo della nostra privacy. È insostituibile. Esistono trapianti di cuore e di molti altri organi, ma di cervello direi di no. E non abbiamo la più pallida idea di quali informazioni si possano inferire da una scansione cerebrale. Un mero segnale per far aprire una porta, o la porta verso la sfera personale che non dovrebbe essere violata?

LA MINI GLACIAZIONE DEL 2030

Vi piacerebbe eh? Abbiamo appena trascorso l'ennesima estate bollente con temperature record e torna in auge la storia di una possibile mini-glaciazione tra il 2030 ed il 2036. Peccato che la notizia, già rimbalzata sui principali magazine tra il 2020 ed il 2021, sia appunto solo un hype giornalistico.

Cominciamo con qualche evidenza per capire il fondamento di questa storia. Nel corso della sua vita, il sole subisce naturalmente dei cambiamenti nella produzione di energia. Alcuni di questi si verificano in un periodo regolare di 11 anni di picco (quando ci sono molte macchie solari) e di bassa attività (meno macchie solari), periodi che sono abbastanza ricorrenti e prevedibili. E che chiamiamo cicli solari.

Ad inizio 2021, la professoressa di matematica della Northumbria University Valentina Zharkova, pubblica un nuovo modello del ciclo solare. Il modello offre nuovi dettagli sulle irregolarità del "battito cardiaco" di 11 anni del sole di cui parlavamo poco fa, lo stesso ciclo che influenza le tempeste solari e l'aurora boreale. In particolare, prevede una sostanziale diminuzione dell'attività solare nei prossimi due decenni.

Nota. Fin qui è tutto giusto. Alla Northumbria gli scienziati sono gente seria, ma una parte del loro comunicato viene travisata e reinterpretata in maniera un po' leggera.

"Le previsioni del modello suggeriscono che l'attività solare scenderà del 60% negli anni 2030 fino a raggiungere le condizioni viste per l'ultima volta durante la 'mini era glaciale' iniziata nel 1645".

La mini era glaciale cui si riferisce il testo è davvero avvenuta tra il 1645 ed il 1715, ma a onor del vero è stata causata da una combinazione di eventi, non solo la minore energia emessa dal sole, che ha raggiunto un punto di bassa insolito chiamato Grand Solar Minimum, ma anche l'emissione in atmosfera di aerosol vulcanici che hanno abbassato le temperature. Tra l'altro nemmeno a livello globale, ma prevalentemente nell'emisfero nord. Inoltre, per essere precisi non si è trattato di una glaciazione nel senso pieno del termine, cioè non abbiamo assistito ad un ampliamento dell'estensione dei ghiacciai, ma solo ad una fase di particolare difficoltà per l'agricoltura.

Ma forse il pezzo che ci interessa di più è quando si dice "raggiungere le condizioni viste per l'ultima volta". Gli scienziati non si riferiscono alle condizioni viste sulla terra, ma a quelle viste sul sole! Quindi un discreto misunderstanding che non ci autorizza per nulla a tirare le conclusioni che si ripeterà nemmeno lontanamente lo scenario del passato.

È interessante riprendere per un attimo il concetto di Grand Solar Minimum, perché il sito del Global Climate Change della NASA, ci fornisce anche alcuni numeri interessanti sull'impatto del sole sul clima.

Periodi anomali come il Gran Minimo Solare, per dirla in italiano, dimostrano che l'attività magnetica e l'energia prodotta dal sole possono variare nel corso di decenni, anche se le osservazioni spaziali degli ultimi 35 anni hanno visto pochi cambiamenti da un ciclo all'altro in termini di irraggiamento totale.

In alcune occasioni, i ricercatori hanno previsto che i prossimi cicli solari potrebbero presentare periodi prolungati di attività minima. Ma la NASA riconosce che i modelli per tali previsioni non sono ancora robusti, come per esempio quelli per le previsioni atmosferiche, e quindi non sono considerati conclusivi. Serve prudenza.

Ma allora se si verificasse un Grande Minimo Solare, quali effetti potrebbe avere? Gli scienziati solari usano una metrica piuttosto chiara, stimano lo stesso impatto di circa tre anni di crescita dell'attuale concentrazione di anidride carbonica (CO_2). Tradotto, un nuovo Grande Minimo Solare servirebbe solo a compensare alcuni anni di riscaldamento causato dalle attività umane.

Ancora numeri. Il riscaldamento causato dalle emissioni di gas serra prodotte dalla combustione di combustibili fossili da parte dell'uomo è sei volte superiore al possibile raffreddamento pluridecennale dovuto a un Grande Minimo Solare prolungato.

In parole povere, anche se un Grande Minimo Solare dovesse durare un secolo, le temperature globali continuerebbero a salire. Ciò è dovuto al fatto che molti altri fattori, oltre alle variazioni dell'emissione solare, modificano le temperature globali sulla Terra, e tra questi il più importante è il riscaldamento dovuto alle emissioni di gas serra provocate dall'uomo.

In conclusione, l'attuale consenso scientifico è che le variazioni a lungo e a breve termine dell'attività solare svolgono solo un ruolo molto limitato sul clima della Terra. Il grosso del problema, come sempre siamo noi umani.

Quali insegnamenti possiamo trarre da questa storia? Primo, la scienza ci offre molte soluzioni, ma tirare facili conclusioni da un comunicato di uno studio scientifico può essere deleterio. Se pensavate di andarvi a comprare un igloo, in attesa della prossima mini-glaciazione, sarebbero soldi mal spesi.

Secondo, il riscaldamento globale non si ferma. Non è colpa del sole, ed anche nella sua prossima fase di minor emissione di energia, il suo aiuto a contenere il fenomeno sarà residuale.

Terzo, ed è una riflessione più ampia che magari si potrà riprendere in futuro, i nostri ambienti non sono progettati per resistere ai fenomeni estremi che il riscaldamento climatico sta portando. La scorsa estate abbiamo assistito ad alluvioni, temporali e tempeste con chicchi di grandine grandi come palle da tennis, picchi di caldo durevoli ben oltre i 40 gradi. Le nostre città, la nostra agricoltura, il nostro modo di vivere non sono pensati per questi fenomeni. Per quanto di nuovo dobbiamo realizzare, è possibile incorporare i nuovi "picchi", ma per quello che già esiste, il retrofitting è possibile? È solo un costo infrastrutturale insostenibile o è una nuova grande opportunità di business? Vi lascio con questi pensieri e vi aspetto alle prossime narrazioni.

www.ingramcontent.com/pod-product-compliance
Lightning Source LLC
Chambersburg PA
CBHW072143290526
45794CB00004B/1404